BUSCADORES DE FÓSILES

Los protagonistas de la paleontología
de los vertebrados en la Argentina

I0492235

EDUARDO P. TONNI, RICARDO C. PASQUALI Y JOSÉ H. LAZA

BUSCADORES DE FÓSILES

LOS PROTAGONISTAS DE LA PALEONTOLOGÍA DE LOS VERTEBRADOS EN LA ARGENTINA

Diseño Interior: Jorge Sarmiento
Diseño de tapa: Sarmiento, Jorge

El cuidado de la presente edición estuvo a cargo de
Jorge Sarmiento

Índice

PRESENTACIÓN

Este libro es una síntesis de la historia de la paleontología de los vertebrados en la Argentina. El énfasis ha recaído en los protagonistas de esa historia, comenzando por los antecedentes a nivel mundial, pasando por los personajes que actuaron durante la época virreinal, y concluyendo en la actualidad. Está destinado a un público general, especialmente aquel interesado en la paleontología y en el desarrollo histórico de la ciencia en la Argentina.

La primera noticia sobre la presencia de un vertebrado fósil en América data de los comienzos de la conquista de México; se trataba de unos huesos enormes que los nativos atribuían a humanos gigantes pero que en realidad eran de mastodontes, grandes proboscídeos relacionados con los elefantes actuales. Algo similar ocurrió en la Argentina: en la segunda mitad del siglo XVI, fray Reginaldo de Lizárraga observó "una muela de un gigante" procedente de Córdoba. A estos primeros antecedentes les siguieron el hallazgo de una fauna de vertebrados, principalmente de mamíferos de gran tamaño tales como gliptodontes, perezosos terrestres gigantescos y ungulados nativos con características muy diferentes a las de las especies actuales. Contribuyeron a estos descubrimientos científicos europeos, tales como el francés Alcide d'Orbigny y el inglés Charles Darwin, que formaban parte de expediciones exploratorias del Nuevo Mundo, y el alemán Hermann Burmeister, que se estableció en la Argentina invitado por Sarmiento. Los descubrimientos y la descripción de restos de mamíferos fósiles que realizó el médico y naturalista Francisco Muñiz lo convierten en el precursor de la paleontología argentina, disciplina que se consolidó con la obra de Florentino Ameghino. A Ameghino le sucedieron su hermano Carlos, Lucas Kraglievich, Alfredo Castellanos, Carlos Rusconi y Lorenzo J. Parodi. Con la incorporación del español Ángel Cabrera al Instituto del Museo de la Universidad Nacional de La Plata (actualmente Facultad de Ciencias Naturales y Museo de la Universidad Nacional de La Plata), los estudios paleontológicos adquirieron pleno estatus académico, mientras que con la del italiano Gioacchino Frenguelli tomaron un claro sesgo geológico y estratigráfico.

La fundación de la Asociación Paleontológica Argentina puede considerarse como el hito demarcador del período actual en la actividad paleovertebradológica de la Argentina. A partir de 1957, cuando Rosendo Pascual se hizo cargo interinamente de la cátedra de Paleontología y de la División Paleontología Vertebrados del Museo de La Plata, se produjo el surgimiento de un notable y diversificado grupo de especialistas que abrieron nuevos campos de investigación más allá del tradicional paleomastozoológico. En el análisis del período actual se ha puesto énfasis en los aspectos históricos, incluyéndose imágenes --muchas de ellas inéditas-- que muestran la actividad de los paleontólogos a comienzos de la segunda mitad del siglo XX. En este capítulo se hace especial referencia a aquéllos paleontólogos que crearon escuela a través de la formación de recursos humanos y a la primera generación de discípulos que ya tienen sus propios tesistas y/o becarios. La numerosa nueva generación de paleontólogos de vertebrados, tendrá entre sus responsabilidades continuar la historia.

Los autores expresan su agradecimiento al Dr. Edgardo J. Romero, director del Museo Argentino de Ciencias Naturales "Bernardino Rivadavia", y a la Dra. Silvia Ametrano, directora del Museo de La Plata, por haber permitido la consulta y obtención de datos de sus respectivos archivos. Cecilia Deschamps, Marcelo de la Fuente, Teresa Dozo, Marta Fernández, Javier

Gelfo, Juan J. Moly, Damián Romero, Jorge San Cristóbal, Laura Zampatti, contribuyeron con varias de las imágenes que ilustran este libro.

I

LOS COMIENZOS DE LA PALEONTOLOGÍA

La Paleontología es la ciencia que estudia los fósiles. Ese estudio incluye la morfología de los organismos fósiles o de sus signos de actividad, su clasificación, distribución geográfica, características del ambiente en el cual vivieron e importancia para la determinación de la antigüedad de las rocas portadoras de los organismos. En sentido amplio, la paleontología se dedica al estudio del registro fósil para intentar una reconstrucción de la historia de los organismos, de su medio y de los procesos que condujeron a las configuraciones modernas. De tal forma, como disciplina científica cabalga entre la biología y la geología.

El término, derivado del griego, significa más o menos literalmente "estudio (o ciencia) de la vida antigua" –*palaiós*, antiguo, y *lógios*, versado–, fue acuñado por el geólogo inglés Charles Lyell (1797-1875), uno de los fundadores de la geología moderna a través de sus *Principles of Geology,* publicado entre 1830 y 1833. Con parte de este tratado bajo el brazo marchó otro inglés famoso, Charles Robert Darwin (1809-1882) a su periplo a bordo del *Beagle*, donde comenzaría a cristalizar el nuevo paradigma que revolucionaría la biología: la evolución orgánica.

Charles Lyell

La Antigüedad

Desde tiempos lejanos, el hombre reconoció en los fósiles a objetos que atesoró y utilizó como elementos de su ajuar mágico-religioso o bien como adornos. Prueba de ello son los numerosos hallazgos de conchas de moluscos fósiles en sepulturas del hombre primitivo, así como la utilización del ámbar como artículo suntuario. Sobre este último se conocen –desde épocas muy remotas– las rutas de comercio e intercambio que, provenientes del Báltico, llegaban a la cuenca del Mediterráneo. Posteriormente, las antiguas civilizaciones, ya en poder de la escritura, dejaron testimonios del reconocimiento de los objetos fósiles: tal el caso de los chinos.

Los antiguos griegos legaron variada información sobre el hallazgo de fósiles y las diversas hipótesis e interpretaciones que se formularon sobre su origen y procedencia. Xenóphanes de Kolofón (576-480 a.C.), hace unos 2400 años, reconocía que los hallazgos de moluscos en las rocas de las montañas, así como las impresiones de peces en las piedras de canteras de Smyrna, Paros y Siracusa, correspondían a seres que habían vivido en otra época y que esos sitios habían estado cubiertos por el mar. Otra explicación más simpática de los fósiles daba Herodoto (aprox. 484-425 a.C.) en las notas de su viaje a Egipto. Este filósofo distinguió las pequeñas conchas de *Nummulites* –protozoos fósiles– que abundan en las rocas empleadas en la construcción de las pirámides y las atribuyó a lentejas petrificadas que habrían servido de alimento a los obreros de las mismas pirámides. Luego, Aristóteles (384-322 a.C.) y, después, Polybios (204-122 a.C.), explicaron en forma candorosa y sencilla los hallazgos de peces fósiles en el Líbano al sostener que provenían de huesos que quedaron enterrados en el fango o que se habían extraviado en la tierra, donde después de un tiempo se convirtieron en térreos.

Protozoo fósil del género *Nummulites*.

La Edad Media

Durante la Edad Media, los estudiosos se ocuparon no menos de los fósiles, pero sus explicaciones eran bastante fantásticas. La opinión generaliza era que la naturaleza producía seres semejantes a las creaciones vivientes de Dios, único hacedor de la vida: por eso las imitaciones quedaban inmóviles y frías como la piedra. Esta facultad de la naturaleza fue denominada "vis plástica" –del latín *vis*, fuerza, y *plastus*, imitación–.

La influencia en Europa de la expansión árabe, que introdujo los textos de los filósofos y estudiosos griegos, influyó en las ideas de cambio sobre el mundo científico medieval europeo. Uno de los personajes que más contribuyó a la expansión de las ideas griegas en el medioevo europeo fue el filósofo árabe Avicenna (980-1037), quien, en sus apreciaciones sobre el origen de los fósiles, fue mucho más claro y realista que los escolásticos de la época. Algunos de éstos, muy pocos, contribuyeron a la expansión de esas ideas, tal el caso de Girolamo Savonarola

(1452-1498), quien describió procesos de petrificación, y Agricola (Georg Bauer de Saxony, 1494-1555), a quien se llamó el "Padre de la Mineralogía y la Metalurgia".

Agrícola (Georg Bauer de Sajonia).

En esos momentos, en el lejano Oriente, el chino Li-Tao-Yuan dejaba notas sobre el hallazgo de peces fósiles en las rocas de su país. En casas de los gobernantes y poderosos surgieron, desde época muy antigua, jardines y zoológicos con especies exóticas. Esta actitud servía a los fines de arroparse culturalmente. Anexo a las bibliotecas de dichas casas, se crearon salones donde se exhibían especimenes de la naturaleza. Allí fueron concentrados ejemplares minerales, maderas petrificadas, conchillas actuales y fósiles y petrificaciones de peces hallados en las montañas, junto a ejemplares zoológicos disecados. El mantenimiento, cuidado y descripción de los especimenes estaba a cargo de especialistas estables.

La Época Moderna

A comienzos de la Época Moderna, el artista e inventor Leonardo da Vinci (1452-1519) y un fraile, Hierónymus Fracastoro (1483-1553), retomaron las ideas de los lejanos griegos y sostuvieron que los restos fósiles pertenecieron a seres vivos que en otros tiempos habían vivido y luego fueron sepultados en el fango. Del primero son conocidos los extensos pasajes de sus manuscritos, donde se refiere a los fósiles invertebrados y peces hallados en las montañas del norte de Italia (manuscritos en las bibliotecas Leicester, de Inglaterra y París).

A fines del siglo XVI se reconocía que el estudio de las ciencias naturales era practicado por cultores que se hallaban apartados de la comunidad y se los consideraba como *curiosi rerum naturae* o *virtuosi*. Sus actividades particulares plantearon la necesidad de crear medios de comunicación. Esto fue el núcleo de los institutos de investigación y museos del futuro. La necesidad de hallar vías de comunicación sobre los distintos hallazgos e ideas que se sucedían llevó a la creación de sociedades científicas. En Italia surgió la primera de éstas (1609) con el nombre de "Academia de los Linces" (*Accademia dei Lincei*) en relación a la mirada penetrante de dichos felinos. Prepararon la primera monografía importante sobre la Historia Natural de América. a la vez que llevaron a cabo la primera investigación sistemática de los seres vivos con ayuda de un instrumento que comenzaba a utilizarse exitosamente: el microscopio. Tiempo después comenzaron sus actividades dos de las más antiguas y prestigiosas de estas sociedades científicas: *Royal Society* (1662) en Inglaterra y *Académie des Sciences* (1668) en Francia.

El primer museo científico fue creado en 1781 al transferirse la colección de especimenes de la *Royal Society*, entre los que se encontraban numerosos fósiles, al edificio repositorio del *British Museum*. La fundación de dicha institución se atribuye a sir Hans Sloane, quien donó los fondos para su construcción.

En 1558, el médico suizo Konrad von Gesner (1516-1565) dio a conocer un conjunto de xilografías donde representa algunos de los fósiles por él coleccionados. Ciertamente, en la categoría de fósiles englobaba una variedad de objetos, desde cristales de minerales, pasando por piedras de extrañas formas y hasta verdaderos fósiles. Es decir, siguiendo la etimología del adjetivo derivado del latín *fossilis* (que significa lo que se saca de la tierra) que se aplicaba a cualquier objeto enterrado, Gesner figuró sus fósiles sin saber que algunos de ellos eran restos de organismo que habían vivido en épocas remotas. Así, presenta el grabado de un cangrejo fósil y lo compara con uno actual, diciendo del fósil que se trata de un cangrejo común petrificado, pero sin atribuirle naturaleza orgánica. En nuestros días no es fácil entender una actitud como la relatada frente a la evidencia, pero en el temprano Renacimiento ello era parte del "sentido común", puesto que durante siglos estas formas extraídas de la tierra eran explicadas como el producto de la "vis plástica".

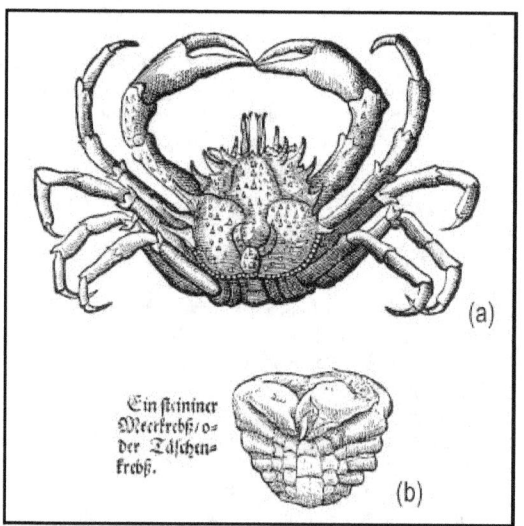

Grabados de un libro de Gesner: (a) Cangrejo actual; (b) Cangrejo fósil.

Si bien es cierto que en los tiempos de Gesner, y poco después, algunos "avanzados" habían sugerido la naturaleza orgánica de los fósiles, no fue hasta algo más de un siglo después en que su verdadero significado fue establecido. En 1667, el danés Niels Stensen (1638-1686, conocido como Nicolaus Stenonis o para los angloparlantes como Steno)(Figura 1.4), sugirió el origen orgánico de los fósiles en su tratado *De Solido intra Solidium Naturaliter Contento Dissertationis Prodromus (Adelantos de una disertación sobre un sólido naturalmente contenido dentro de un sólido)*. Este médico danés, que desempeñó tal función con el Gran Duque

Ferdinando II en Florencia, había realizado un año antes la disección de un cráneo de tiburón, concluyendo que el tipo de fósiles denominados desde la antigüedad *glossopetrae* ("lenguas de piedra") eran en realidad dientes de tiburones (Figura 1.5). Estas *glossopetrae* tuvieron también gran importancia en la medicina antigua, ya que se les atribuían particulares poderes para contrarrestar el veneno de las víboras. Fueron mencionadas por primera vez, aunque no denominadas, por el naturalista romano Plinio el Viejo (23-79 AD), quien suponía que caían del cielo durante los eclipses lunares. Posteriormente, con el nombre de *glossopetrae*, fueron atribuidas a lenguas de serpiente convertidas en piedra por San Pablo cuando visitó la isla de Malta.

Es necesario destacar que para Stensen todos los fósiles eran contemporáneos y testigos incontrovertibles del gran diluvio bíblico. Curiosamente, luego de publicado su *Prodromus*, Stensen abandona los estudios sobre Geología debido seguramente a las contradicciones surgidas con su ferviente catolicismo, que lo llevaron a ordenarse como sacerdote (concluyendo en obispo).

Posteriormente –y como prueba del reconocimiento a su origen biológico–, Carl von Linneo (1707-1778) (Figura 1.6) incluyó a los fósiles en su sistema binomial de clasificación de los seres vivos. En su décima segunda edición de su *Systema Naturae* (1768) propuso los nombres de *Ichthyolithus* y *Phytolithus*; algunos de estos nombres, son utilizados en la actualidad como *Carpolithus* que es un término general dedicado a frutos y hojas fósiles.

Niels Stensen (Steno)..

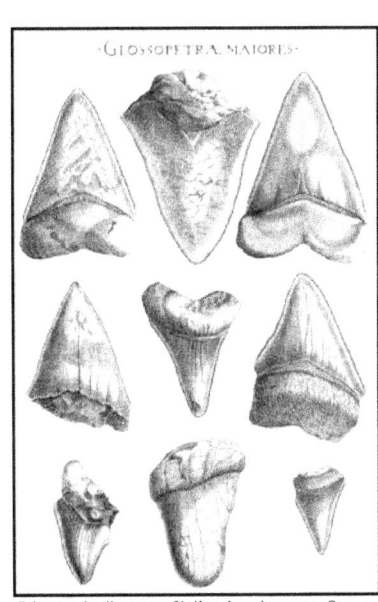

Dientes de tiburones fósiles descriptos por Steno..

Carl von Linneo

Sería necesario que transcurriera casi un siglo y medio hasta que se diera un nuevo y decisivo paso en la interpretación de los fósiles, al establecerse los principios básicos de la estratigrafía moderna en la década de 1810. Estos principios, que tiene como base la secuencia de los depósitos sedimentarios --es decir su no contemporaneidad como establecían las ideas diluvianas- fueron establecidos por tres europeos: el francés Alexandre Brongniart (1770-1847), el italiano Giovanni Battista Brocchi (1772-1826) y el inglés William Smith (1769-1839).

William Smith

Alexandre Brongniart

Brongniart fue un ingeniero en minas con profundos conocimientos sobre mineralogía y química de los minerales. Estudió la sucesión de rocas y faunas fósiles de la cuenca de París, estableciendo la continuidad lateral y la correlación de estratos a larga distancia. Llegó a ser ingeniero jefe de minas de Francia, y obtuvo gran renombre cuando fue designado director de la manufactura real de porcelanas de Sevrés.

Brocchi también fue un ingeniero e inspector de minas. Se destacó por sus trabajos en mineralogía –principalmente sobre las minas de hierro–, y, además, en aquéllos referidos a invertebrados fósiles, de lo que es ejemplo su *Conchologia fossile subappennina*.

Smith fue un autodidacta con escasa educación formal que, sin embargo, tuvo un papel relevante en el desarrollo de la geología moderna. Al igual que Brongniart y Brocchi reconoció la importancia de los fósiles en la reconstrucción de las secuencias estratigráficas. También como ellos dio una aplicación práctica a estos conocimientos, cristalizada en la monumental obra del mapa geológico de Inglaterra y Gales, obra que comenzó a delinear en 1801 y concluyó en 1815.

Estos enormes progresos en la comprensión y significado de los fósiles estaban aún encuadrados en el antiguo paradigma catastrofista que incluía sucesivas creaciones y catástrofes que cerraban ciclos en la historia de la vida. En este momento, las ideas de la evolución realizan un considerable progreso a través de las especulaciones de Georges-Louis Leclerc, conde de Buffón (1707-1788) en sus trabajos: *Théorie de la Terre* (1749), y particularmente en su *Epoques de la Nature* (1778). Buffon claramente anunciaba su creencia en la sucesión de faunas y floras, en la extinción de las formas antiguas y en períodos que requieren gran cantidad de tiempo para la mutación de las especies bajo la influencia de cambios ambientales.

Georges-Louis Leclerc, conde de Buffón.

.En un cuadro teórico similar se desarrolló la labor de Georges Léopold Chrétien Frédéric Dagobert, Barón de Cuvier 1769-1832), un francés que debe considerarse como el fundador de la paleontología de los vertebrados como disciplina independiente. Cuvier había trabajado con Brongniart en la cuenca de París y, en 1825, publicó su ensayo "*Discourse on the revolutionary upheavals on the surface of the globe and on the changes which they have produced in the animal kingdom*" ("Discurso sobre los cataclismos revolucionarios sobre la superficie del globo y sobre los cambios que produjeron en el reino animal"), donde estableció tres principios fundamentales: 1) la historia de la Tierra responde a un modelo múltiple; 2) la Tierra tiene una gran antigüedad y las faunas fósiles fueron cambiando en el transcurso del tiempo geológico, y 3) muchos de los fósiles representan a especies que se fueron extinguiendo a lo largo del tiempo.

El punto 3) fue de singular importancia en el desarrollo de las ciencias geológicas y biológicas, incluida la paleontología. Se reconocía por primera vez la existencia de las extinciones producidas por revoluciones periódicas durante las cuales un conjunto de especies eran barridas de la faz de la tierra. En el punto 2) estaba implícito el principio del cambio (evolución) de las faunas, atribuidos por él a los cambios revolucionarios (catástrofes).

Georges Cuvier, en un retrato de Van Bree de 1798.

RECHERCHES
SUR LES
OSSEMENS FOSSILES,
OÙ L'ON RÉTABLIT LES CARACTÈRES
DE PLUSIEURS ANIMAUX DONT LES RÉVOLUTIONS DU GLOBE ONT DÉTRUIT LES ESPÈCES;

PAR
GEORGES CUVIER.

Quatrième Édition,
APPROUVÉE ET ADOPTÉE PAR LE CONSEIL ROYAL DE L'INSTRUCTION PUBLIQUE.

ATLAS.

TOME PREMIER,
Contenant les planches 1 à 161, avec leur explication.

PARIS.
EDMOND D'OCAGNE, ÉDITEUR,

1836.

Portada del libro *Recherches sur les Ossemens Fossiles*, de Cuvier (edición de 1836).

Cuvier aplicó los principios de la anatomía comparada al estudio de los restos de vertebrados fósiles, demostrando en su clásico trabajo de cuatro volúmenes *Recherches sur les Ossemens Fossiles* (1812), que muchos de los restos fósiles provenientes de América y atribuidos a "gigantes", pertenecían a elefantes extinguidos.

Lo dicho sobre los vertebrados por Cuvier fue complementado por las observaciones sobre los invertebrados hechas por Jean Baptiste de Monet Lamarck (1744-1829) en sus obras *Mémoire sur les Fossiles des Environs de París* (1802-6) y la *Histoire Naturelle des Animaux sans Vertébres* (1815-22). A diferencia de Cuvier, que sostenía la inmovilidad de las especies, Lamarck creía firmemente en la descendencia con modificaciones.

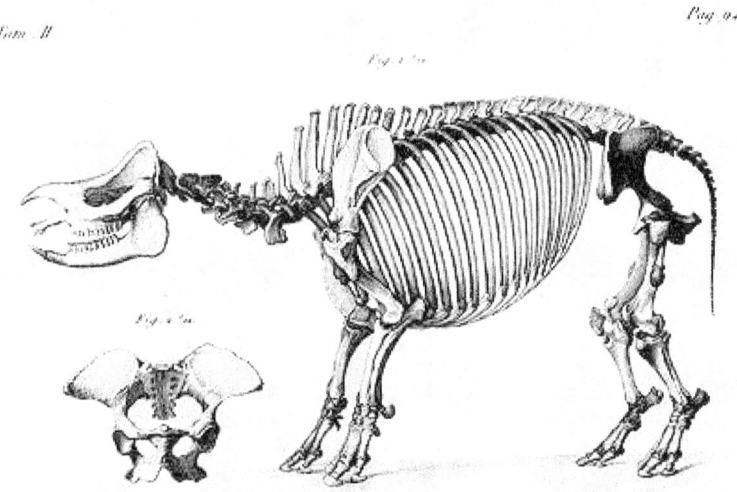

Una de las ilustraciones de Cuvier en *Recherches sur les Ossemens Fossiles.*

Es interesante señalar que Cuvier fue asimismo quien determinó que el esqueleto del *homo diluvii testis* (hombre, testigo del diluvio) descripto por Johan Jakob Scheuchzer en 1725, pertenecía en realidad a una salamandra gigante.

Otro investigador que complementó con entusiasmo la obra de Cuvier, con quien estudió, fue el inglés Richard Owen (1804-1892). Owen desarrolló su numerosa obra en el campo de la anatomía comparada y la paleontología. Fue obstinado opositor de la evolución darwiniana. Como asistente en el Museo Hunter, disecó un gran número de animales publicando su monumental *Catalogue of the physiological series of comparative anatomy contained in the museum of the Royal College*, 1833-1838, en cinco volúmenes. A su vez emprendió una gran investigación sobre los dientes de los mamíferos (*Odontography*, 1840-1845). Publicó numerosas monografías sobre las formas extinguidas, entre ellas el ave gigante *Dinornis* de Nueva Zelanda, así como la descripción y nominación de varios mamíferos extinguidos aportados por Darwin procedentes del Río de La Plata. Cuando se hizo cargo de la dirección del Departamento de Historia Natural del Museo Británico, comenzó a peticionar a las autoridades sobre la creación de un edificio apropiado logrando el magnífico museo de South Kensington.

Homo diluvii testis, salmandra gigante del Mioceno de Europa.

Richard Owen.

Previo a la década de 1830 hay una variada información que gradualmente contribuye a la construcción de la disciplina tal como actualmente la concebimos.

Las condiciones estaban maduras como para que se produjera un nuevo y definitivo paso hacia la consolidación de la moderna biología y el país con condiciones socio-económicas más favorable para desarrollarlas era Gran Bretaña, un imperio en ascenso.

Reconocidas las sucesivas faunas y floras que se extendieron en el tiempo, comenzaron a denominarse las capas geológicas que las contenían. A fines de 1841, John Phillips propuso los términos Paleozoico, Mesozoico y Cenozoico. Dichos términos fueron creados, el primero por Sedgwick y Murchison, el segundo por Smith, Conybeare y Phillips y el tercero por Lyell, Deshayes y Bronn; los términos Eoceno, Mioceno y Plioceno fueron propuestos por Lyell (1833).

El nuevo paradigma que revolucionó a la biología fue la teoría de la evolución de los organismos vivientes, debida a Darwin (Figura 1.10). Darwin comenzó estudiando medicina, pero cuando su padre se dio cuenta de que no progresaba en la carrera le propuso que estudiara como ministro de la iglesia de Inglaterra. Luego de un breve lapso reflexivo aceptó, graduándose en 1831. Durante estos estudios conoció al clérigo Jhon Stevens Henslow, profesor de mineralogía en Cambridge y botánico, quien lo introdujo en el estudio de las ciencias naturales. Un amigo del anterior, Adan Sedgwich, invitó a Darwin a un célebre viaje geológico y lo proveyó del libro de Lyell, además del consejo que el sabio cumplió durante su célebre viaje:"Complete todas las notas antes de dormir". El 24 de agosto de 1831, Henslow le informó de su elección para el viaje del *H.M.S. Beagle* en calidad de naturalista.

Charles Darwin, ca. 1880.

Las observaciones sobre los fósiles en el Río de La Plata y la geología de las pampas; la evolución de las tortugas y pinzones en Galápagos, a la vez que sus observaciones sobre las islas coralinas, despertaron en Darwin una serie de interrogantes científicos que madurarían posteriormente. En 1837, un año después de su regreso a Inglaterra, comenzó la recopilación de sus observaciones sobre la *transmutación* de las especies en gruesos cuadernos. Cuando en 1838 leyó el trabajo del clérigo y economista inglés Thomas Robert Malthus, *An Essay of the Prin-*

17

ciple of Population (Ensayo sobre el principio de la población, escrito en 1794 y ampliado en 1803), su incipiente teoría recibe un impacto revelador. En su autobiografía explica que en ese ensayo descubrió que a través de la *lucha por la existencia* las variaciones favorables en los animales y las plantas tenderán a preservarse y, contrariamente, las desfavorables a eliminarse.

Siguiendo los consejos de Lyell, en 1856 se abocó a escribir sus puntos de vista en forma extensa y, dos años más tarde, recibió el impulso final. En 1858, un joven naturalista nacido en el sudeste del País de Gales, Alfred Russell Wallace, le envió un manuscrito titulado *On the tendency of varietes to depart indefinitely from the original type* (Sobre la tendencia de las variedades a apartarse indefinidamente del tipo original). Darwin se sorprendió pues, en ese manuscrito Wallace había expuesto una teoría sobre la *transformación* (evolución) de las especies por selección natural esencialmente similar a la suya. Como caballeros ingleses que eran, acuerdan en publicar conjuntamente un resumen y lo hacen en julio de ese año. La repercusión del trabajo pasa desapercibida; sólo reciben unas pocas críticas adversas. Parecía que los científicos y la sociedad toda no estaban preparados para aceptar un nuevo paradigma que desterrara ideas cristalizados por siglos.

Sin embargo, en setiembre de 1858 se dio a la tarea de plasmar su teoría en un volumen y, a fines de 1859, publicó *On the origin of species by means of natural selection, or the preservation of favoured races in the strugle for life* (Sobre el origen de las especies por medio de la selección natural, o la preservación de las razas favorecidas en la lucha por la vida). Ahora sí el impacto se sintió: la primera edición de 1.250 ejemplares se agotó en el día. Había cristalizado un nuevo paradigma. La evolución orgánica por medio de la selección natural comenzaba a generar cambios tanto en el entorno científico como en el social.

El *British Museum (Natural History)* en un grabado de 1898.

Con Cuvier y Darwin se completaba la tarea de los precursores. La anatomía comparada y las catástrofes del primero, generadoras de extinciones, fueron remplazadas por las ideas de un proceso gradual en el que las extinciones estaban incluidas como algo normal de la evolución. Estas dos concepciones habían surgido en contextos socio-culturales distintos. Cuvier –que desarrolló parte de su obra en tiempos de la Revolución Francesa– con su conocimiento enci-

18

clopédico, se distinguió por la descripción anatómica de diversos animales (incluyendo fósiles) merced a la concepción que guió su obra: *el principio de correlación de las partes*. Aún cuando había advertido que las pruebas geológicas demostraban la existencia de sucesivas poblaciones animales en el tiempo, siguiendo a Linneo, creía firmemente en la fijeza y en la inalterabilidad de las especies. Así, para explicar los hechos de la extinción de algunas formas y la aparición de otras, fue que la Tierra había sido escenario de grandes catástrofes.

Si bien no muy alejadas en el tiempo, las ideas del gradualismo darwiniano, nutrido del uniformismo de Lyell y de las ideas "malthusianistas" de la lucha por la existencia y la supervivencia del más apto, formaban la base de nuevos conceptos para un sistema de interpretación de la naturaleza. Darwin era hijo de una Inglaterra estable y poderosa, con ingentes recursos económicos, donde las clases sociales influyentes veían pasar la vida sin grandes sobresaltos. De cualquier forma, ambas concepciones tienen su lugar en la ciencia moderna; el gradualismo darwiniano y el catastrofismo, representado por el saltacionismo de Stephen Jay Gould.

El *Museum National d'Histoire Naturelle* de París en la actualidad.

A principios del siglo XIX, varios países europeos habían creado estructuras de poder centralizado y florecían como imperios; el caso paradigmático es el de Inglaterra. También se sumaban a la actividad otras naciones, como Francia, Holanda y los ya decadentes imperios portugués y español, así como algunos estados del todavía desmembrado imperio alemán. Todos en mayor o menor medida aspiraban a dominar vastos territorios del mundo y para ello necesitaban del conocimiento de esos territorios, sus gentes, su historia y sus recursos naturales. Esos centros de poder crearon institutos y academias para acumular –en este caso– la información obtenida a la vez que erigían importantes museos donde acumular ejemplares de objetos de la naturaleza para ser estudiados por sus científicos. Paralelo a ello, se enviaron numerosas expediciones a distintos puntos del globo para el estudio de la cartografía, vías de navegación, fondeaderos y puertos. Entre otras, las distintas especialidades de las ciencias naturales comenzaron a enriquecerse con el arribo, casi continuo, de enorme cantidad de materiales botánicos, zoológicos y mineralógicos, a los que se sumaban cada vez más los hallazgos paleontológicos.

II

LOS HALLAZGOS PALEONTOLÓGICOS EN EL VIRREINATO

Introducción

La existencia de gigantes humanos está profundamente enraizada en la mitología de los distintos pueblos de la Tierra, así como en los relatos bíblicos y de la antigüedad greco-romana, sin olvidar, en épocas recientes, su vinculación con civilizaciones extraterrestres. No puede resultar extraño entonces que en el siglo XVII, o aún en los comienzos del XIX, cuando la Paleontología era una disciplina incipiente, los hallazgos de grandes huesos fosilizados fuesen vinculados con estas "razas" de gigantes. Eso era lo que indicaba el "sentido común" de las personas cultas de ese tiempo y en ese contexto debe ubicarse lo que sigue, poniendo en valor las explicaciones que trataban de desechar esos viejos conceptos.

Una antigua raza de gigantes

La primera noticia sobre la presencia de un vertebrado fósil en América se debe a Bernal Díaz del Castillo, un ex capitán de las fuerzas de Hernán Cortés que habían conquistado México. En su *Historia verdadera de la conquista de la nueva España*, Díaz relataba que, en 1519, los conquistadores habían visto en Tlaxcala, al este de la ciudad de México, unos huesos enormes que los nativos atribuían a humanos gigantes. Como evidencia, Díaz había traído un hueso tan alto como él. En realidad, este hueso era un fémur de un mastodonte, un animal extinto desconocido en esos tiempos. El texto del relato, que figura en la sección que lleva el título "Cómo Cortés preguntó a Maseescasi y a Xicotenga por las cosas de Méjico", es el siguiente:

> "Dijeron que les habían dicho sus antecesores, que en los tiempos pasados que había allí entre ellos poblados hombres y mujeres muy altos de cuerpo y de grandes huesos, que porque eran muy malos y de malas maneras los mataron peleando con ellos, y otros que de ellos quedaban se murieron. Y para que viésemos qué tamaños y altos cuerpos tenían, trajeron un hueso y zancarrón de uno de ellos, y era muy grueso, el altor tamaño como un hombre de razonable estatura; y aquel zancarrón era desde la rodilla hasta la cadera. Yo me medí con él y tenía gran altor como yo, puesto que soy de razonable cuerpo. Y trajeron otros pedazos de lienzos como el primero; mas estaban ya comidos y desechos de la tierra. Los materiales fueron remitidos a Madrid, donde pasaron a formar parte de las colecciones del Real Gabinete de Indias.

> Todos nos espantamos de ver aquellos zancarrones, y tuvimos por cierto haber habido gigantes en aquella tierra. Nuestro capitán Cortés nos dijo que serían bien enviar aquel gran

hueso a Castilla para que lo viese Su Majestad, y así lo enviamos por los primeros procuradores que fueron."

En América del Sur, el primer registro de un vertebrado fósil se debe el jesuita José de Acosta, quien estuvo en Perú entre 1571 y 1587. En 1590, Acosta publicó un extenso trabajo sobre las Indias que incluía, entre otros temas, la historia natural de Perú, en la que incluía la descripción de huesos gigantescos, que también podrían haber sido de mastodontes.

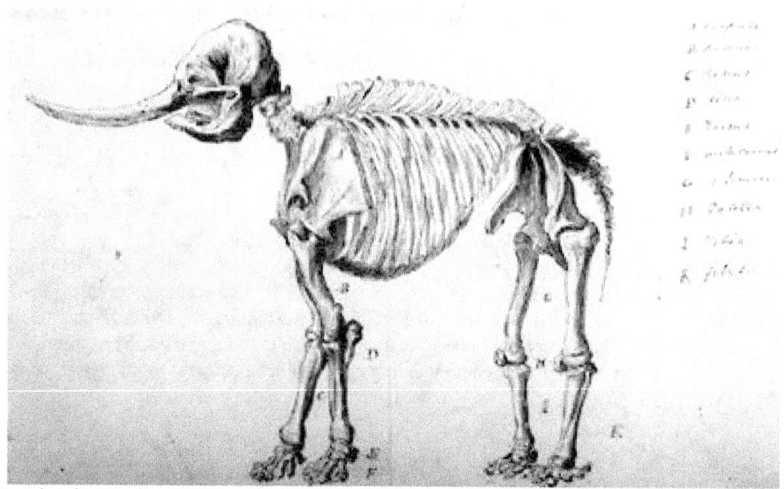

Esqueleto de mastodonte según un dibujo realizado en Nueva York en 1801 por Rembrandt Peale (1778-1860).

Otro testimonio escrito sobre el hallazgo de esos supuestos gigantes se debe a Garcilaso de la Vega, llamado el Inca. En 1609, de la Vega publicó en Córdoba, España, la *Historia general del Perú*, en la que incluía lo que más tarde el naturalista francés Georges Cuvier denominó una *"Gigantologie espagnole"* (gigantología española). Garcilaso de la Vega murió en 1616, convencido que en Perú existieron gigantes en una época anterior a la del imperio incaico. La naturaleza de esos "gigantes" fue aclarada por Cuvier unos dos siglos después.

Los "gigantes" de la Argentina

Entre los primeros restos de mamíferos fósiles descubiertos en la Argentina se encuentran aquéllos que habían sido atribuidos a una raza de humanos gigantes. Así, en la segunda mitad del siglo XVI, fray Reginaldo de Lizárraga decía "Tres leguas de la cibdad [se refiere a Córdoba], el rio abajo, en las barrancas dél, se han hallado sepulturas de gigantes, como en Tarija".

Otro hallazgo de restos de supuestos gigantes había realizado Esteban Álvarez del Fierro, capitán de la fragata de guerra española "Nuestra Señora del Carmen", la que estaba anclada en el puerto de Buenos Aires y próxima a partir de regreso a España. Del Fierro se presentó en 1766 con un escrito ante el Alcalde de Buenos Aires, Juan de Lezica y Torrezuri, expresándole que en Arrecifes se encuentran unos sepulcros de racionales con una estatura gigante. En ese escrito, del Fierro solicitaba el envío de varias personas entendidas con el fin de que reuniesen ese material.

Poco después arribaron a Arrecifes los enviados del Alcalde y procedieron a extraer los restos óseos de dos sitios con "sepulcros o sepulturas": uno que se encontraba en la estancia de Luna, a orillas del arroyo del mismo nombre, actual límite entre los partidos de Arrecifes y Capitán Sarmiento, y el otro en la estancia de Peñalva, en el río Arrecifes.

Los huesos fueron llevados a Buenos Aires para embarcarlos con destino a España. Previamente fueron examinados por tres cirujanos: Matías Grimau, Juan Parán y Ángel Casteli, quienes deberían decir ante escribano público si eran o no de persona humana, según su saber y entender. Sólo uno de ellos, Grimau, opinó bajo juramento que los restos eran humanos, ya que:

> "no se halla en los brutos semejante figura y deformidad agigantada y según tradición de los antiguos, ha oído decir con el motivo de haberse hallado estos huesos, de que había unos hombres muy altos y corpulentos, por lo que no extraña sean los referidos huesos de estos hombres...".

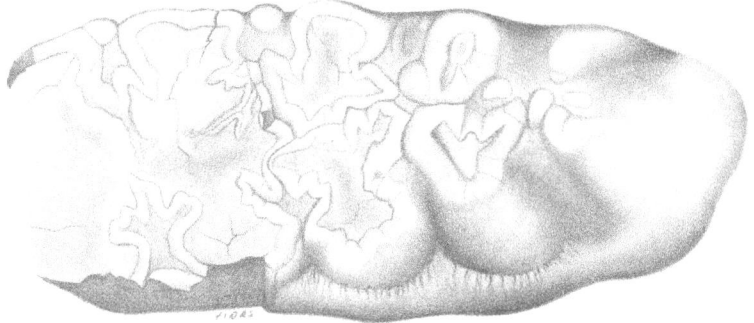

Molar de un mastodonte del género *Stegomastodon*; longitud aproximada 20 cm.

Una vez en España, los académicos de la Real Academia de la Historia dictaminaron que los huesos no eran de "racionales", y que probablemente pertenecían a algún animal "parecido al elefante". El dictamen de los académicos españoles no era erróneo, ya que los restos en cuestión pertenecían a mastodontes, parientes extintos de los elefantes cuyos enormes molares se asemejan someramente a los humanos.

En su obra *Historia de la conquista del Paraguay*, el jesuita Padre Guevara hacía referencia a los fósiles descubiertos a orillas del río Carcarañá, en la provincia de Santa Fe, de la siguiente forma:

> "Sin embargo, hay algunas cosas dignas de particular relación. Los Gigantes, torres formidables de carne, que en sólo el nombre llevan el espanto y asombro de las gentes, provocando ante todas cosas, nuestra atención. No se hallan al presente, pero antiguos vestigios que de tiempo en tiempo se descubren sobre el Carcarañal y otras partes evidencian que los hubo en tiempo pasado. Algunos convencidos con las reliquias de estos monstruos de la humana naturaleza no se atreven a negar claramente la verdad; pero retrotraen su existencia al tiempo diluviano. Yo me empeñaré en probar que los hubo antes del diluvio; pero es

muy verosímil, que después de él, poblaron sobre el Carcarañal, y que en sus inmediaciones y barrancas tuvieron el lugar de su sepultura.

Lo cierto es, que de este sitio se sacan muchos vestigios de cráneos, muelas y canillas, que desentierran en las avenidas, y se descubren fortuitamente. Hacia el año de 1740, vi una muela grande como un puño, casi del todo petrificada, conforme en la exterior contextura a las muelas humanas, y solo diferente en la magnitud y corpulencia. El año de 1755 D. Ventura Chavarría, mostró en el Colegio Seminario de Nuestra Señora de Monserrat una canilla dividida en dos partes, tan gruesa y larga, que según reglas de buena proporción, a la estatura del cuerpo, correspondían ocho varas; como este caballero es curioso y amigo de novedades, ofreció buen premio al que le desenterrase las reliquias de aquel cuerpo agigantado. Puede ser que es estipendio aliente para este y otros descubrimientos, en los cuales el orbe literario interesa novedades que amenizan sus tareas".

En cuanto al tamaño de estos seres, el Padre Guevara comentaba:

"Sobre la estatura de los gigantes es necesario discurrir con alguna variedad. Hay en este gremio unos mayores que otros, como entre los hombres de mediana estatura. Las reliquias que de ellos nos han quedado, arguyen notable variedad de estatura. Que altura tan desmedida no corresponderá a aquel gigante cuyo cráneo se habría en una circunferencia tan dilatada, que metiendo una espada por la cavidad de los ojos apenas alcanzaba al cerebro, como testifica el ya nombrado D. Lorenzo Suárez de Figueroa, testigo ocular de la experiencia. Por la canilla de otro, hecho geométricamente el cálculo, se infiere una estatura tan elevada, que incado de rodillas en el pretil de la iglesia del Colegio Máximo de Córdoba, alcanzaría a recostarse de codos sobre el umbral de la ventana del coro, que tendrá doce para catorce varas de altura".

La tierra hace crecer los huesos

Uno de los sitios en los que se realizaron hallazgos de "gigantes" es Tarija, Bolivia. En el periódico *Telégrafo Mercantil Rural, Político, Económico, e Historiografo del Río de la Plata* del 15 de agosto de 1802, bajo el título *Fenómeno*, se da una explicación al tamaño agigantado de los huesos hallados en esa localidad:

"El terreno de la Villa de Tarija, tiene la virtud de acrecentar excesivamente los huesos. Enterrado un cadáver de regular estatura, si se saca después de algún tiempo se encuentran los huesos sumamente crecidos, por lo cual están algunos creídos que en aquella tierra hubo Gigantes y bajo este propio concepto D. Matías Baulen, vecino de dicha Villa, y natural de Canarias, llevó a Lima el año de 768 un esqueleto en 4 cajones grandes, que le presentó al Exmo. Señor Virrey de aquel Reino D. Manuel de Amat, y obtuvo en premio el Corregimiento del Cuzco. Pero examinados bien por varios facultativos, es visto que tales Gigantes nunca los produjeron estos países, y que la magnitud de los huesos proviene de que aquella tierra tiene la secreta virtud de dilatarlos y engrosarlos hasta aquel grado en que conservan su intrínseca sustancia, pues acabada ésta, como ya no tiene en que obrarla de la tierra, se reducen en polvo. De esta propia especie eran los huesos que trajeron a Buenos Aires de los confines de Luján, los cuales se remitieron a la Corte pocos años, hace y han dado ocasión a que se escriba que las Provincias Argentinas abundaban de Gigantes, y es falso".

Esta curiosa explicación, que trata de contrarrestar la antigua idea de una raza de gigantes poblando la tierra, tiene un antecedente. En 1787, Pedro Vicente Cañete y Domínguez, un interesante personaje colonial licenciado en teología y abogado, escribe sobre el mismo tema. Dice en una parte de su "Guía histórica, geográfica, física, política, civil y legal del gobierno e intendencia de la provincia del Potosí" que "Debe pues inferirse que agregando a este principio [el jugo lapidífico, responsable del "crecimiento" de los huesos] el movimiento, el calor, una circulación continuada y una especie de fermentación insensible, fueron todas estas causas juntas formando en el decurso de muchos siglos el crecimiento o aquella admirable vegetación de los huesos del gigante de Tarija, pareciendo ahora monstruoso a nuestra vista, un esqueleto que en su principio tal vez sería de un tamaño regular o, aunque extraordinario, no monstruoso".

Fragmento del "Telégrafo Mercantil" donde se hace referencia al poder la tierra de agrandar los huesos.

Ciertamente, ambas explicaciones son estrictamente similares. O se trata de una notable coincidencia o la nota anónima del "Telégrafo Mercantil" no es más que una repetición algo modificada de la idea de Cañete y Domínguez, sin citar la fuente. Si esto último es correcto representaría un interesante antecedente para esta actual y frecuente "costumbre" periodística.

El primer descubrimiento de un gliptodonte

Entre 1739 y 1779, el médico, naturalista y jesuita inglés Thomas Falkner recorrió la Patagonia y las provincias de Buenos Aires, Santa Fe, Córdoba y Tucumán. En 1760, Falkner realizó el primer descubrimiento de restos de un gliptodonte, pariente de los armadillos provisto de un grueso caparazón rígido, a orillas del río Carcarañá. El relato de este hallazgo figura en su libro *Descripción de la Patagonia*, publicado en Inglaterra en 1774, y su texto es el siguiente:

"En los bordes del río Carcarañá, o Tercero, como a unas tres o cuatro leguas antes de su desagüe en el Paraná, se encuentra gran cantidad de huesos, de tamaño descomunal, y que a lo que parece son humanos: unos hay que son de mayores y otros de menores dimensiones, como si correspondiesen a individuos de diferentes edades. He visto fémures, costillas, esternones y fragmentos de cráneos, como también dientes, y en especial algunos molares que alcanzaban a tres pulgadas de diámetro en la base. He oído decir que se hallan huesos como éstos en las orillas de los ríos Paraná y Paraguay, como lo mismo en el Perú. El historiador indígena Garcilaso de la Vega Inga hace mención de estos huesos en el Perú, y nos cuenta que, según la tradición de los indios, unos gigantes habitaban antiguamente estos países, y que fueron destruidos por Dios por el delito de sodomía.

Yo en persona descubrí la coraza de un animal que constaba de unos huesecillos hexágonos, cada uno de ellos del diámetro de una pulgada cuando menos; y la concha entera tenía más de tres yardas de una punta a la otra. En todo sentido, no siendo por su tamaño, parecía como si fuese la parte superior de la armadura de un armadillo; que en la actualidad no mide mucho más que un jeme de largo. Algunos de mis compañeros también hallaron en las inmediaciones del río Paraná el esqueleto entero de un yacaré monstruoso: algunas de las vértebras las alcancé a ver yo, y cada una de sus articulaciones era de casi cuatro pulgadas de grueso y como de seis de ancho. A hacer el examen anatómico de los huesos me convencí, casi fuera de toda duda, que este incremento inusitado no procedía de la acreción de materias extrañas, porque encontré que las fibras óseas aumentaban en tamaño en la misma proporción que los huesos. Las bases de los dientes estaban enteras, aunque las raíces habían desaparecido y se parecían en un todo a las bases de la dentadura humana, y no de otro animal cualquiera que haya yo jamás visto. Estas cosas son bien sabidas y conocidas por todos los que viven en estos países; de lo contrario, no me hubiese yo atrevido a mencionarlas."

Dibujo de un gliptodonte y de uno de sus molariformes publicado por Woodbine Parish en 1839.

La primera descripción formal de un gliptodonte se realizó recién en 1838, cuando el naturalista inglés Sir Richard Owen, basándose en un espécimen hallado en el río Matanza, partido de Cañuelas, provincia de Buenos Aires, fundó el género *Glyptodon* (al que seguramente pertenecía la coraza descripta por Falkner) y la especie *Glyptodon clavipes*.

El megaterio de Luján

En 1787, el fraile dominico Manuel de Torres desenterró de las barrancas del río Luján los restos óseos de un megaterio, un gigantesco animal extinguido emparentado con los perezosos actuales.

Las tareas de extracción de este fósil fueron muy lentas debido a que Torres no permanecía constantemente en Luján (debía atender su ministerio en el Convento de Buenos Aires) y a su preocupación científica por documentar las condiciones del hallazgo. Así, en una carta que dirigió al Virrey Nicolás del Campo, Marqués de Loreto, el 29 de abril de 1787, unos dos meses después de que iniciara la excavación, Torres le pidió un dibujante:

> "(...) para que lo extraiga al papel; porque de otro modo, pienso se malogrará todo el trabajo, y V.E. se privará del gusto de ver una cosa muy particular; respecto a estar sumamente tiernos los huesos, y el sol no calentar nada para que se sequen, porque están en un lugar que vierte agua. Haciendo un mapa o estado de ellos, no dudaré que por él se podrán acomodar después, aunque se quiebren, o cuando menos, saber su figura y magnitud".

Al día siguiente, el Virrey le manifiesta su apoyo en una carta, en la que al final dice "aplaudiendo yo entretanto su celo a favor de estos útiles descubrimientos". Ese mismo día, el Virrey designó al Teniente del Real Cuerpo de Artillería Francisco Javier Pizarro como la persona indicada para proceder "a sacar puntual dibujo antes que se mueva, y arriesgue la dislocación o fractura de sus partes, sacando también sus dimensiones en detalle".

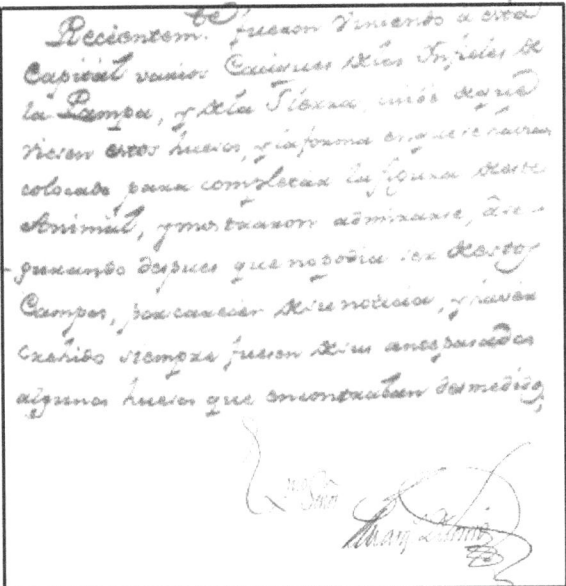

Fragmento de la carta enviada por el virrey, Marqués de Loreto,
acompañando los restos del megaterio hallado en Luján.

Pero entre Pizarro y Torres se había producido un rozamiento. En una carta que envió al Virrey el 9 de mayo de 1787, el sacerdote decía

"Pero V.E. mejor que nadie sabe la injusticia con que este hombre me calumnia ... lo que ha llenado las medidas del sentimiento, es haberme imputado el crimen de embustero... Cuanto he dicho a V.E. es tan cierto como lo más, que hombre ha dicho en este mundo. No quiero que se den crédito a mis palabras, si no a las obras, con que lo haré ver en breves días." Al día siguiente, apurado en probar al Virrey la veracidad de su descubrimiento, Torres comenzaba a recoger los huesos. El 27 de junio, Torres anunciaba al Virrey por carta que había encontrado media cadera.

Arribados los huesos a Buenos Aires, se procedió a montarlo por partes con la colaboración de "varias personas inteligentes". El esqueleto fue enviado a España el 2 de marzo de 1788 en siete cajones, con una extensa nota del Virrey y un dibujo atribuido al general portugués, al servicio de España, Custodio de Saa y Faría, que posiblemente fue una copia de la lámina del Teniente Pizarro.

Fue tal el interés que despertó este enorme esqueleto de cerca de cinco metros de largo, que el rey Carlos III pidió que se "procure por cuantos medios sean posibles averiguar si en el partido de Luján o en otro de los de ese virreinato, se puede conseguir algún animal vivo, aunque sea pequeño, de la especie de dicho esqueleto, remitiéndolo vivo, si pudiese ser, y en su defecto disecado y relleno de paja, organizándolo y reduciéndolo al natural, con todas las demás precauciones que sean oportunas, a fin de que llegue bien acondicionado, y tenga S.M. la complacencia de verle en los términos que desea".

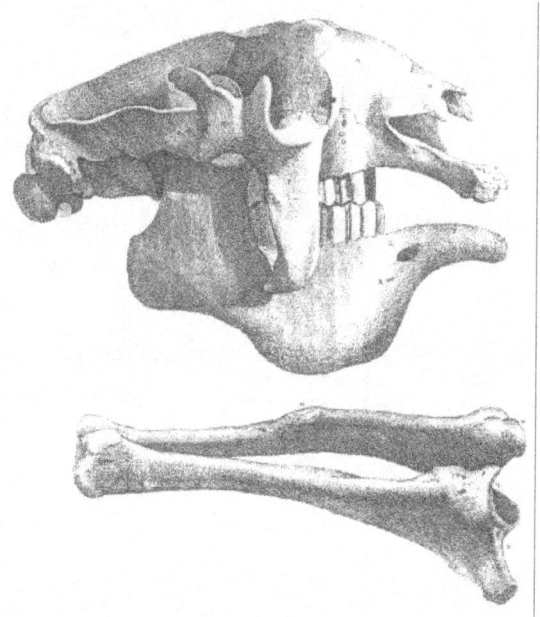

Dibujo del cráneo, radio y cúbito del megaterio de Luján realizado por Brú.

El fósil fue llevado al Real Gabinete de Historia Natural de Madrid, donde se hizo cargo del mismo Juan Bautista Brú de Ramón (1740-1799), "pintor y primer disecador" del Gabinete de Historia Natural de Madrid. Brú limpió los huesos del megaterio y armó el esqueleto en una pose más o menos similar a la que tenía en vida. El esqueleto de este megaterio se conserva actualmente en el Museo de Ciencias Naturales de Madrid, siendo el primer vertebrado fósil montado para fines de exhibición.

En 1795, un oficial de las Indias Occidentales Francesas en Santo Domingo, llamado Philippe-Rose Roume, viajó desde esa isla a Francia pasando por España. En Madrid, Roume pudo obtener las pruebas de impresión de una publicación futura de Brú sobre el fósil de Luján. Roume envió esas pruebas al recientemente fundado Instituto de Francia, del cual era miembro, las que fueron entregadas al naturalista Georges Cuvier (1769-1832), que entonces tenía sólo 26 años de edad.

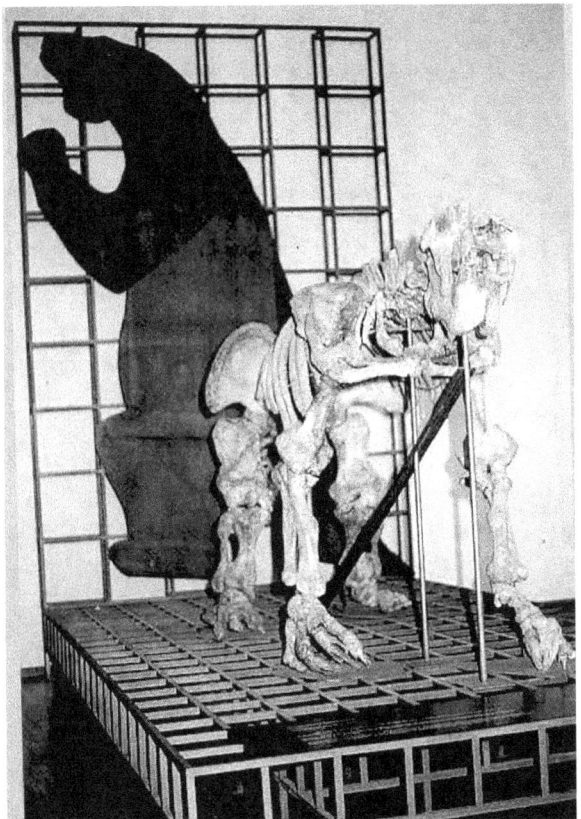

El megaterio de la especie *Megatherium americanum* descubierto por el fraile Torres en Luján en 1787, tal como se exhibe actualmente en el Museo de Ciencias Naturales de Madrid.

El joven Cuvier escribió inmediatamente la que sería la primera de muchas publicaciones sobre vertebrados fósiles, cuyo título era "Noticia sobre un esqueleto de una especie de un cuadrúpedo desconocido hasta ahora, hallado en Paraguay y depositado en la colección de historia natural de Madrid". Este artículo fue publicado en 1796 en *el Magasin encyclopédique; ou; journal des sciences, des lettres et des arts* e incluía "una mala copia de la figura del esqueleto completo". Cuvier había atribuido erróneamente la localidad de Luján al Paraguay. De esta forma, este mamífero se convirtió en el primer vertebrado fósil del Nuevo Mundo conocido por la ciencia.

Cuvier, que nunca había visto los huesos del animal con los que fundó la especie *Megatherium americanum* (gran animal de América), obtuvo prioridad en la publicación de su descripción. El estudio anatómico, acompañado de excelentes ilustraciones que había realizado Brú en Madrid en 1793, quedó así prácticamente en el olvido.

El hallazgo y extracción del esqueleto de *Megatherium* por parte del padre Torres y colaboradores, es un hecho significativo en la América colonial. Se concatenaron aquí inquietudes científicas con un singular apoyo por parte de las autoridades, encabezadas por el virrey Marqués de Loreto. Como bien señala Julián Cáceres Freyre en su "Contribuciones a la historia de la ciencia argentina", publicado en 1973, es:

> "Increíble, este celo y celeridad del virrey en acceder a un pedido del día anterior en pro de la ciencia. Ojalá hoy día existiera en nuestra burocracia administrativa, casos similares de rapidez expeditiva y colaboración generosa. Pensar que estamos relatando un acontecimiento de 1787, en plena 'colonia oscurantista'".

III

El Museo del País

Bernardino Rivadavia
(nacido Bernardino de la Trinidad González Rivadavia y Rivadavia).

En una circular del 27 de junio de 1812, cursada por el Primer Triunvirato a instancias de Bernardino Rivadavia (1780-1845), se anunciaba a los comandos regionales del interior la creación de un museo de historia natural en Buenos Aires. Se los invitaba a participar en el "acopio de todas las producciones, extrañas y privativas de este territorio, dignas de colocarse en aquel depósito; invitando a los ciudadanos que las posean a que con ellas hagan un presente que reconocerá este Gobierno con la mayor estimación". Esta circular fue publicada en la *Gaceta Ministerial* del 7 de agosto de 1812. Con la caída del Primer Triunvirato y el alejamiento de Rivadavia de la gestión pública, donde se desempeñaba como vocal del Primer Triunvirato en reemplazo de Juan José Paso, este proyecto quedó en suspenso.

Entre 1815 y 1821, Rivadavia se radicó en Europa, principalmente en París, donde estableció contactos con los centros más destacados de investigación científica. El 19 de julio de 1821, Rivadavia fue designado Ministro de Gobierno y Relaciones Exteriores de la Provincia de Buenos Aires, cuyo gobernador era el brigadier don Martín Rodríguez, en reemplazo del diplomático y poeta Esteban de Luca. Con la experiencia adquirida en Europa, Rivadavia desarrolló un vasto plan educacional, que llevó a la creación de la Universidad de Buenos Aires, la que se inauguró el 12 de agosto de 1821, siendo su primer rector el presbítero Antonio Sáenz.

En una resolución del 31 de diciembre de 1823, firmada por Rivadavia, se decretaba que el encargado de la Biblioteca Pública "propondrá oportunamente todas las medidas que conduzcan a acelerar el establecimiento del Museo del País, especialmente en todos los ramos de historia natural, química, artes y oficios."

El 7 de febrero de 1826, Rivadavia asumió la presidencia de las Provincias Unidas del Río de la Plata y, con fecha 10 de abril, decretó que "queda nombrado don Carlos Ferraris en la clase de encargado del cuidado de los instrumentos de la Sala de Física y Química y la conservación de los objetos de Historia Natural". Ferraris, que había nacido en Turín y se desempeñó como "boticario" (farmacéutico) en Bruselas, había sido recomendado por su amigo, el médico turinés Pedro Carta Molino, que fue contratado por Rivadavia como profesor de Física Experimental en la Universidad de Buenos Aires. Antes de venir a Buenos Aires, Ferraris siguió cursos de perfeccionamiento, entre ellos el de taxidermia.

Carlos Ferraris.

El Museo, cuyo nombre oficial hasta 1882 fue Museo Público de Buenos Aires, funcionaba en la planta alta del Convento de Santo Domingo, anexo al Gabinete de Física, por lo menos desde diciembre de 1826, de acuerdo a la información aparecida en el periódico *Crónica Política y Literaria de Buenos Aires* del 9 de junio de 1827. La elección de este lugar para la instalación del Museo, además de la cátedra de Física y del observatorio astronómico, era una consecuencia de la discutida reforma eclesiástica originada por un decreto del 4 de abril de 1823, por el cual se suprimía la casa de regulares de Santo Domingo y, al limitar a cinco el número de sacerdotes, quedaban muchas celdas disponibles para otros usos.

El convento de Santo Domingo, según un grabado anónimo publicado por el Museo de la Plata, ca. 1890.

El fracaso de la constitución unitaria de 1826 y la indignación popular por el acuerdo firmado con Brasil, por el cual se cedería a este país la Banda Oriental (Gobernación de Montevideo), provocaron la caída de Rivadavia en 1827, quien debió renunciar a la presidencia el 27 de junio de ese año, bajo la acusación de traición a la patria. A partir de ese momento, Rivadavia vivió en una permanente expatriación, falleciendo en Cádiz, España, el 2 de setiembre de 1845.

A pesar del alejamiento de Rivadavia, y gracias a la responsabilidad de Ferraris, el Museo siguió funcionando. En su primer año de existencia, el Museo contaba, de acuerdo con un informe elevado por Ferraris al gobierno el 4 de junio de 1828, con 187 pájaros, 211 conchas de moluscos, 1.000 insectos, 8 cuadrúpedos (mamíferos), 6 reptiles, 10 peces, 840 minerales, 1 ojo, 3 corazones y 1 lombriz solitaria.

Varios de los objetos que formaban parte de la colección del Museo habían sido donados por el presbítero español Bartolomé Doroteo Muñoz, del Colegio de San Carlos de Buenos Aires. Muñoz era un entusiasta investigador de las ciencias naturales y coleccionó varios ejemplares raros de minerales, animales y plantas. La lista de estos "objetos de Historia Natural e instrumentos para empezar a formar un gabinete", donados a la Biblioteca Pública en 1814, incluía quinientos caparazones de moluscos, varios minerales, tres fósiles, un microscopio, un anteojo acromático para observaciones astronómicas, un termómetro y un prisma, además de libros, planos de ciudades y varias ilustraciones, muchas de las cuales fueron realizadas por Muñoz.

Los viajeros que colaboraron con el Museo

Alcide d'Orbigny.

En el último tercio de 1828 trabajó unos meses con Ferraris el naturalista francés Alcide Dessalines d'Orbigny (1802-1857). Este científico había sido comisionado en 1825 por el Museo de Historia Natural de París para visitar, explorar y estudiar la fauna y la flora de las regiones australes de América del Sur. Asesorado por famosos científicos, como el naturalista francés Georges Cuvier y el naturalista alemán Friedrich Heinrich Alexander von Humboldt, partió para el Nuevo Mundo como naturalista viajero en 1826, llegando a Buenos Aires en enero de 1827, durante la breve presidencia de Bernardino Rivadavia.

Los resultados de las observaciones de d'Orbigny fueron publicados entre 1834 y 1847 en la monumental obra en nueve volúmenes *Voyage dans l'Amerique Méridionale* (Viaje a la América Meridional), en la que figuran noticias acerca de la geología, paleontología, botánica, zoología y antropología argentinas, además de algunas referencias históricas relacionadas con las regiones visitadas. En esta obra, la sección dedicada a la paleontología se encuentra en la cuarta parte del tomo tres, que se publicó en 1842. Aquí, detalla el primer antecedente estratigráfico de la Argentina, específicamente, aquel relacionado con los depósitos de la Pampa a quienes denomina como "l'argile pampéenne".El primer capítulo de esa parte trata de la historia de la paleontología de la América del Sur.

D'Orbigny describió los restos del gliptodonte que había descubierto Thomas Falkner en 1760 y recogió varios fósiles, principalmente en las barrancas del río Paraná, muchos de los cuales fueron descriptos por Charles Leopold Laurillard (1783-1853). En los Andes bolivianos, d'Orbigny descubrió algunas muelas y una mandíbula de un mastodonte, que Laurillard atribuyó a la especie *Mastodon andium* fundada por Cuvier. El nombre aceptado actualmente para esta especie es *Cuvieronius hyodon*.

Dibujo publicado por d'Orbigny de *Ctenomys bonaerensis*,
un tucu-tuco fósil descubierto y descrito por el naturalista francés.

Especializado en el estudio de los moluscos, d'Orbigny asesoró a Ferraris en la clasificación de los caparazones existentes en el Museo. Como reconocimiento a las atenciones y la colaboración recibidas por parte del director de esta institución, denominó a una especie de ostra como *Ostrea ferrarisi*. Este naturalista francés también fundó las especies *Ostrea puelchana* y *Ostrea spreta*, pertenecientes a unas pequeñas ostras que habitan en la costa atlántica de la Argentina.

Otro de los viajeros que colaboró con Ferraris en el Museo fue el francés Arsène Isabelle (1806?-1879), quien realizó una colección de animales y plantas de las regiones que fue visitando, trayendo consigo a un joven preparador, llamado Eugenio Bamblin, cuya remuneración era un duplicado de los especimenes reunidos. De acuerdo con lo que narró Isabelle en su libro *Viaje a Argentina, Uruguay y Brasil en 1830*, con la ayuda de Bamblin, Ferraris pudo "renovar muchos animales, mal montados al principio, y darle otro aspecto a ese pequeño Museo, del que se podrían lograr mejores resultados".

En otra parte del citado libro, Isabelle relataba que "el Museo no es, todavía, más que un gabinete de curiosidad, pero no deja de ofrecer, sin embargo, algún interés científico, al mismo tiempo que es un verdadero adorno para la ciudad". Más adelante agregaba que "se podría dictar un curso completo de historia natural con los materiales que hay en el gabinete; ya se cuentan alrededor de mil quinientas muestras de mineralogía y geología; más de ochocientas pertenecientes a las principales divisiones del reino animal, sin incluir un número bastante grande de insectos". Por los escritos de Isabelle sabemos que el Museo podía ser visitado por el Público los martes, jueves y días de fiesta, de once a doce.

El Museo durante la época de Rosas

Juan Manuel de Rosas ejerció la gobernación de la Provincia de Buenos Aires en dos oportunidades. La primera vez asumió el 8 de diciembre de 1829 con "la plenitud de facultades y libertad de acción que hoy más que nunca exigen las circunstancias". Rosas fue declarado, por disposición de la Junta, *Restaurador de las Leyes e Instituciones de la Provincia de Buenos Aires* y se le otorgó el grado de Brigadier. Rosas fue reelecto al terminar su mandato, pero se negó a aceptar. En diciembre de 1832 transmitió el mando al General Ramón Balcarce. Libre del cargo público, Rosas inició la Expedición al Desierto en abril de 1833.

El 7 de marzo de 1835, la Legislatura de Buenos Aires designó a Rosas como gobernador de la Provincia por cinco años, otorgándole la suma del poder público con el objeto de "sostener y defender la causa nacional de la federación", y asumió por segunda vez como gobernador el 13 de abril de 1835. Desde esa fecha hasta 1852, en que fue derrocado, Rosas debió mantener sus tropas casi constantemente en pie de guerra para hacer frente a las sublevaciones provinciales o a las agresiones de los colonialistas europeos. Este clima facilitó su larga permanencia en el poder.

De acuerdo con el historiador de la ciencia José Babini, durante esta época el estado de la enseñanza en el país fue lamentable. Así, por ejemplo, en Buenos Aires se suprimió en 1838 la enseñanza gratuita a cargo del Estado, y los sueldos de los profesores en la Universidad. En Córdoba, la Universidad creada en el siglo XVII, entró en un período de franca decadencia. Además de la enseñanza, en esa época declinó también la actividad científica.

Ante la situación en que se encontraba el país y la indiferencia oficial, el 29 de marzo de 1836 Ferraris elevó al Oficial Mayor del Ministerio de Gobierno su renuncia al cargo que tenía en el Museo, pero nunca obtuvo respuesta. En 1842, Ferraris pidió una licencia de dieciocho meses para trasladarse a Turín. En ese año, el Príncipe Carlos Alberto le concedió un indulto por una penalidad de origen político que pesaba sobre él desde antes de su partida a Buenos Aires, razón por la cual permaneció en Italia hasta su muerte, ocurrida en 1859.

Desde 1842, y hasta la caída de Rosas, el puesto de director del Museo, a propuesta de Ferraris, lo ocupó el farmacéutico suizo Antonio de Marchi, cuyo apellido cambió a Demarchi.

El único documento conservado del lapso comprendido entre 1842 y 1851 es un cuaderno, escrito por Demarchi, en el cual anotaba el destino mensual de la partida de veinticinco pesos que se le entregaba para todo tipo de gastos. Esta partida era tan exigua que no alcanzaba ni para mantener en estado las existencias del Museo.

En la *Memoria presentada a la Asociación de Amigos de la Historia Natural del Plata*, publicada en 1856, Manuel Ricardo Trelles transcribió la descripción que realizó un escritor francés que visitó el Museo en 1847, en la cual hacía notar el estado de abandono en que se encontraba: "El Museo, dice Mr. de Brossard, se compone de un gabinete de Historia Natural, cuyas piezas se deterioran por falta de cuidado, de una colección de medallas hundidas en el polvo y de algunos objetos con que lo ha enriquecido el General Rosas, a los que él da un gran valor, porque le han sido donados, o porque se relacionan a la historia de su gobierno. De este número son, la máquina infernal y el uniforme que llevaba Rivera en la batalla de Arroyo Grande". La máquina infernal era una caja de madera que Rosas recibió desde Montevideo, en abril de 1841, con la idea de asesinarlo. Una falla del mecanismo salvó la vida de su hija Manuelita, que abrió la encomienda enviada desde una supuesta Sociedad de Anticuarios de Copenhague.

Durante la época de Rosas, el mayor incremento de piezas en el Museo consistió en el ingreso de despojos bélicos o instrumentos de interés histórico o político. A pesar del estado de abandono, el Museo corrió mejor suerte que el laboratorio de química y el gabinete de física, que también funcionaban en el Convento de Santo Domingo. El laboratorio de química fue a parar a un sótano, de donde se lo sacó en 1852 casi inservible. En cuanto al gabinete de física, se entregó a los jesuitas, junto con los "trastos, muebles, utensilios que haya de más en el establecimiento".

El Museo en la época de la organización nacional

La Manzana de las Luces,
fachada sobre la calle Perú donde a partir de 1854 funcionó el Museo Público de Buenos Aires.

El 6 de mayo de 1854, algo más de dos años después de la caída de Rosas, el Gobierno de la Provincia de Buenos Aires decretó que el Museo de Historia Natural de Buenos Aires, además de la protección que el Gobierno le acordare, quedará a cargo de una asociación, a la que se denominará Amigos de la Historia Natural del Plata. En el mismo decreto, el Gobierno nombró como miembros fundadores de esa asociación al médico y naturalista Francisco Javier Muñiz; al médico cirujano Teodoro Álvarez; al historiógrafo, escritor y lingüista Manuel Ricardo Trelles y al hacendado Manuel José de Guerrico.

El mismo día en que se decretaba la creación de la Asociación Amigos de la Historia Natural del Plata, el farmacéutico Santiago Torres asumía como director del Museo. La Asociación se constituyó formalmente el 20 de mayo de 1854, con la presencia del rector de la Universidad de Buenos Aires, el jurisconsulto José Barros Pazos.

Debido a su vinculación con la Asociación, la Universidad de Buenos Aires cedió uno de sus amplios salones en el antiguo caserón de la calle Perú, ubicado en la llamada Manzana de las Luces.

La Asociación prosiguió sus tareas durante una década, siendo sustituida en 1866 por la Sociedad Paleontológica, fundada el 11 de julio de ese año por el científico alemán Karl Hermann Konrad Burmeister (1807-1892), que desde 1862 se desempeñaba como di- rector del Museo Público de Buenos Aires. Ésta fue una de las primeras asociaciones del mundo dedicadas a la paleontología. Esta sociedad, que estaba presidida por Juan María Gutiérrez, rector de la Universidad de Buenos Aires, tenía como fin principal "estudiar y dar a conocer los fósiles del Estado de Buenos Aires y fomentar el Museo Público en su marcha científica". El director científico de la Sociedad Paleontológica era Burmeister y los secretarios Carlos Murray y el matemático italiano Bernardino Speluzzi.

SOCIEDAD PALEONTOLÓGICA

DE BUENOS AIRES

DADA EN EL AÑO DE 1866, Y APROBADA POR DECRETO DEL SUPERIOR GOBIERNO FECHA 8 DE AGOSTO CORRIENTE

1. D. José María Gutiérrez
2. " Manuel J. Guerrico
3. " Marcos Paz
4. " Juan de las Carreras
5. " Salvador del Carril
6. " Francisco Delgado
7. " José Barros Pazos
8. " José B. Gorostiaga
9. " Guillermo Rawson
10. " Eduardo Costa
11. " Cárlos Eguia
12. " Domingo Matheu
13. " Damian Hudson
14. " Gervacio A. de Posadas
15. " Manuel Eguia
16. " German Burmeister
17. " Rufino de Elizalde
18. " Francisco Madero
19. " Pastor Obligado
20. " Marcelino Rodriguez
21. " Ramon Vitou
22. " Bernardino Spelzzi
23. " Emilio Rosetti
24. " Carlos Murray
25. " Juan N. Fernandez
26. Una persona que no quiso ser nombrada.
27. " Dalmacio Velez Sarsfield
28. " Pelegrino Strobel
29. " Eduardo Hopkins

Los fundadores de la Sociedad Paleontológica de Buenos Aires.

La gestión de Burmeister en el Museo Público

Burmeister nació Stralsund, localidad ubicada al noreste de Alemania, a orillas del Mar Báltico, el 15 de enero de 1807. En 1829 obtuvo dos doctorados, primero en Medicina y luego en Filosofía con la tesis *Sistema Natural de los Insectos*. En Alemania se desempeñó como cirujano y como profesor de Historia Natural y de Zoología.

A través de un subsidio real que le consiguió von Humboldt, Burmeister visitó Brasil entre 1850 y 1852 y, como resultado de este viaje, escribió *Sinopsis de los Animales de Brasil*.

Entre 1856 y 1860, Burmeister viajó a la Argentina, también por iniciativa de von Humboldt, recorriendo Buenos Aires, donde conoció el Museo Público; Rosario, Paraná, sede del Gobierno de la Confederación; Río Cuarto; San Luis; Mendoza; Córdoba; Tucumán, Catamarca y La Rioja. De regreso a Alemania, volvió a la cátedra de Zoología en la Universidad de Halle y publicó *Viaje a los Estados del Plata, con referencia especial a la constitución física y el estado de cultura de la República Argentina*. En marzo de 1861 renunció a su cargo en la Universidad por una medida que juzgó arbitraria.

Domingo Faustino Sarmiento, durante la presidencia de Bartolomé Mitre, invitó a Burmeister para hacerse cargo del Museo Público. El 1º de setiembre de 1861 llegó a Buenos Aires y, por un decreto del 21 de febrero de 1862, se lo designó Director General de ese museo, cargo que mantuvo hasta su muerte. La demora de su designación se debió a las hostilidades entre Buenos Aires y la Confederación, que culminó el 17 de setiembre de 1861 con el triunfo de las tropas al mando de Mitre, que derrotaron a las de la Confederación, a las órdenes de Urquiza, en la batalla de Pavón.

Karl Hermann Konrad Burmeister.

39

En 1864, Burmeister creó y editó la revista *Anales del Museo Público de Buenos Aires, para dar a conocer los objetos de la historia natural nuevos o poco conocidos conservados en este establecimiento*, que cimentó y expandió su prestigio y el del Museo. Para la realización de esta revista, Burmeister ofició personalmente de redactor, ilustrador y corrector, con el mérito de que debió expresarse en un idioma extraño para él. A través de los *Anales* dio a conocer e ilustró los descubrimientos sobre mamíferos extinguidos, con litografías y grabados de una calidad excepcional ejecutados de su propia mano. La demanda de esta publicación desde el extranjero permitió que, por vía de canje, se enriqueciera la biblioteca del Museo.

Dibujo de *Glyptodon* publicado por Burmeister en 1864 en los *Anales del Museo Público de Buenos Aires.*

La primera entrega de los *Anales del Museo Público de Buenos Aires*, redactada totalmente por Burmeister, contenía nueve artículos, de los cuales cuatro eran sobre paleontología: "La Paleontología actual en sus tendencias y sus resultados", "Descripción de la *Macrauchenia patachonica*", "Noticias preliminares sobre las diferentes especies de *Glyptodon* en el Museo Público de Buenos Aires", y "Fauna Argentina-Primera parte. Mamíferos fósiles".

Durante su gestión en el Museo, Burmeister restauró y armó el esqueleto de un esmilodonte hallado por Muñiz en 1844 en la Villa de Luján y de otros grandes mamíferos extinguidos descubiertos en Buenos Aires.

El 7 de octubre de 1868, días antes de asumir la presidencia de la Nación, Domingo Faustino Sarmiento recibió un memorando de Burmeister por el cual éste lo instaba a implantar el estudio de las ciencias naturales en la Universidad de Córdoba. Un año después, el ministro Nicolás Avellaneda comunicó a Burmeister la decisión de establecer una Facultad de Ciencias Matemáticas y Físicas en la Universidad de Córdoba y, el 16 de marzo de 1870, Sarmiento y Avellaneda le encomiendan la organización por dos años de la Academia Nacional de Ciencias de Córdoba. Se le otorgó el carácter de Comisionado Extraordinario y Curador de la Facultad de Ciencias Naturales de la Universidad Nacional de Córdoba; Burmeister debía proponer el primer plantel de profesores.

Entre 1870 y 1873 llegaron los primeros profesores contratados, entre los que se encontraban los alemanes Max Siewert, en química; Paul Günther Lorentz, en botánica; Alfred Stelzner, en mineralogía; Karl Schultze Sellack, en física; August Vogler, en matemática; y el holandés Hendrich Weyenbergh, en zoología. Pero el trabajo de Burmeister en la organización de la Facultad no estaba libre de dificultades, ya que sus compatriotas aprovecharon el caos político reinante entonces en el país para realizar viajes científicos fuera de programa, descuidando sus compromisos docentes. Algunos de ellos no llegan a dar ninguna clase entre 1870 y 1873; a pedido de Burmeister, Sarmiento decretó la cesantía de algunos de sus colegas científicos. Ante esta situación, Burmeister redactó un reglamento sobre las tareas que deben cumplir los docentes, lo que produjo el rechazo y la renuncia de algunos de los profesores.

Antigua fotografía del edificio de la Academia Nacional
de Ciencias en Córdoba.

Entre los científicos alemanes convocados por Burmeister estaba Adolf Doering, quien se había incorporado a la Academia Nacional de Ciencias de Córdoba en 1872, desempeñándose como químico, zoólogo y geólogo. Doering integró, como geólogo, la Comisión Científica que acompañó al ejército en la campaña al desierto dirigida por el general Julio Argentino Roca. Como miembro de esa comisión, Doering llevó a cabo una detallada clasificación de los terrenos que fue visitando, la que constaba de catorce horizontes geológicos. Este esquema estratigráfico sirvió de base al que propusiera poco después Florentino Ameghino.

Las publicaciones de la Academia fueron iniciadas por Burmeister: en 1874 apareció el primer tomo del *Boletín de la Academia Nacional de Ciencias Exactas existente en la Universidad de Córdova* y, al año siguiente, el de su *Acta de la Academia Nacional de Ciencias Exactas existente en la Universidad de Córdova*. El *Boletín* se publicó regularmente hasta 1890 y las *Actas* hasta 1889; a partir de entonces se produjo un período de decadencia, de forma tal que entre 1890 y 1914 sólo se publica, en promedio, un *Boletín* cada tres años.

Recién en el tomo V del *Boletín*, que para entonces (1883) se llamaba *Boletín de la Academia Nacional de Ciencias en Córdoba (República Argentina)*, aparecieron las primeras publicaciones sobre paleontología de vertebrados. Se trataba de tres trabajos, escritos por Florentino

Ameghino, titulados "Sobre la necesidad de borrar el género *Schistopleurum* y sobre la clasificación y sinonimia de los Glyptodontes en general", "Sobre una colección de mamíferos fósiles del piso mesopotámico de la formación patagónica, recogidos en las barrancas del Paraná por el profesor Scalabrini" y "Sobre una nueva colección de mamíferos fósiles, recogidos por el profesor Scalabrini en las barrancas del Paraná". El género *Schistopleurum*, a que hace referencia el título del primer artículo, había sido fundado por Nodot, director del Museo de Dijon, en Francia, basándose en restos de gliptodontes obsequiados por Rosas a Dupotet.

Adolf Doering.

En 1889 apareció el tomo VI de *las Actas de la Academia Nacional de Ciencias de la República Argentina en Córdoba*, que contenía un solo trabajo, el primero sobre paleontología de vertebrados publicado en las *Actas*. Se trataba de la monumental obra de Ameghino "Contribución al conocimiento de los mamíferos fósiles de la República Argentina".

Una vez normalizada la situación, Burmeister resignó en 1874 la dirección de la Academia Nacional de Ciencias de Córdoba y volvió al Museo Público de Buenos Aires.

En 1876, el gobierno participó en la Exposición de Filadelfia con la obra de Burmeister *Los caballos fósiles de la Pampa argentina*. Entre ese año y 1886, Burmeister publicó su obra *Description Physique de la République Argentine d'apres des observations personnelles et étrangeres*, formado por cuatro volúmenes y un atlas. Esta obra, editada por el Instituto Geográfico Argentino, comprende el estudio del clima, de la geografía, de la estructura del suelo y de la fauna viviente del país. Con esta obra, Burmeister obtuvo en 1891 la medalla de oro en la Exposición Geográfica de Venecia.

En el resumen histórico de su libro *Contribución al conocimiento de los mamíferos fósiles de la República Argentina*, de 1889, Florentino Ameghino daba la siguiente opinión sobre Burmeister: "Como paleontólogo, no ha contribuido gran cosa a aumentar el catálogo de los mamíferos fósiles argentinos, pero se le deben algunas buenas monografías, particularmente la que trata de los gliptodontes, la de los gravígrados, y la de los caballos fósiles". Entre las categorías taxonómicas que creó Burmeister se encuentran la familia de los gliptodóntidos o Glyptodontidae (1879).

En 1890 asumió Carlos Pellegrini como presidente de la Nación. A partir de ese año se inició, según Babini, un período de estancamiento de la ciencia pura, en el cual las instituciones científicas vegetan y sus publicaciones merman, como sucedió con las de la Academia Nacional de Ciencias de Córdoba.

Ya instalado definitivamente en Buenos Aires, en 1861 Burmeister se separaba de su primera mujer, María Elisa Sommer, quien moría un año más tarde. En 1865 contrajo enlace nuevamente en Tucumán con Petrona de Tejeda, con quien tuvo cuatro hijos: Carlos, Amelia, Federico y Gustavo. El mayor de ellos, Carlos Burmeister, acompañó desde muy joven a su padre en tareas auxiliares en el Museo y luego como eficiente naturalista viajero, formando parte de las exploraciones realizadas por Lista y Fontana en la Patagonia.

SOBRE LA NECESIDAD DE BORRAR

EL

GÉNERO SCHISTOPLEURUM

Y SOBRE LA CLASIFICACION
Y SINONIMÍA DE LOS GLYPTODONTES EN GENERAL

Por FLORENTINO AMEGHINO

Una de las grandes particularidades de la fauna actual y estinguida de la América del Sud, es la presencia en el suelo americano de un gran número de mamíferos acorazados del órden de los edentados á los que se ha dado el nombre de *Dasypídeos* y *Glyptodontes*, pero que deberían mas bien designarse con el de *loricatos*, formando así una familia perfectamente caracterizada que comprende dos grupos ó sub-familias distintas: la de los *Glyptodontes* completamente estinguida y la de los *Dasypídeos* actualmente existente, aunque ya tenía representantes en las épocas geológicas pasadas.

La sub-familia de los *Dasypídeos* comprende especies generalmente de tamaño reducido.

La sub-familia de los *Glyptodontes* la constituyen animales de gran talla, algunos de ellos de tamaño verdaderamente gigantezco.

Una de las tres primeras publicaciones sobre paleontología de vertebrados aparecidas en el *Boletín de la Academia Nacional de Ciencias en Córdoba (República Argentina).*

Después de un largo período de labor fecunda, a los 85 años y luego de sufrir un accidente, falleció Burmeister el 2 de mayo de 1892.

Max Birabén, al hablar sobre su obra, contabiliza 287 publicaciones sobre diferentes tópicos, tales como Viajes, Geografía, Geología, Climatología, Mastozoología, Ornitología, Herpetología, Entomología, Carcinología y Paleontología.

IV

Darwin en América del Sur

Charles Robert Darwin (1809-1882) era hijo y nieto de médicos. Su abuelo, Erasmus Darwin (1731-1802), siguiendo las ideas de Buffon, había desarrollado algunas ideas evolucionistas. Después de intentar estudiar medicina en Edimburgo, completó la carrera de teólogo en Cambridge, donde se licenció. En esta universidad entabló amistad con el Reverendo John Henslow (1796-1861), quien lo inició en los estudios de la botánica y otras ramas de las ciencias naturales. Conoció también al Reverendo Adan Sedgwick (1785-1873) -primer profesor de geología en Cambridge- con quien realizó viajes de estudio y a través del cual conoció la obra de Lyell. Fue el Reverendo Henslow quien sirvió de nexo entre el Almirantazgo y el joven naturalista para que éste integrara la tripulación del *Beagle*. A las órdenes del capitán Robert Fitz-Roy (1805-1865), zarpó el *Beagle*, bergantín de 28 metros de eslora, 238 toneladas y 10 cañones, del puerto de Plymouth el 27 de diciembre de 1831. Darwin tenía sólo 22 años

Charles Darwin, CA. 1840, en un óleo de Joshua Reynolds.

El objeto de la expedición era completar los trabajos de hidrografía de la Patagonia y de Tierra del Fuego que se habían realizado entre 1826 y 1830, la hidrografía de las costas de Chile, Perú y de algunas islas del Pacífico, y efectuar una serie de medidas cronométricas alrededor del mundo.

El *Beagle* en el Estrecho de Magallanes. Ilustración de R. T. Pritchett
para la edición de 1890 de *A naturalist's voyage round the world* (John Murray, Londres), por Charles Darwin.

El viaje distó mucho de constituir un placer para Darwin. A bordo del *Beagle* sufrió de mareos y en tierra padeció fuertes trastornos intestinales. Además, el navío enfrentó terribles tempestades durante veinticuatro días a la altura del cabo de Hornos y en Chile fue testigo del gran terremoto de 1835. Se cree que, en estos viajes por América del Sur, Darwin contrajo el mal de Chagas. Sin embargo en su vejez, Darwin escribía "El viaje del Beagle ha sido con mucho el acontecimiento más importante de mi vida, y ha determinado toda mi carrera. Le debo la verdadera ejercitación de mi intelecto" ("Autobiografía").

Después de unas breves escalas en Tenerife, Porto Praia (archipiélago de Cabo Verde), Isla de San Pablo y Fernando de Noronha, el 28 de febrero de 1832, después de sesenticuatro días de navegación, el *Beagle* llegó a su primera escala en el continente americano: Bahía. Las próximas escalas fueron Río de Janeiro, Montevideo, Tierra del Fuego, Islas Malvinas, Buenos Aires y Maldonado, localidad ubicada al este de Montevideo.

El 24 de julio de 1833, el *Beagle* partió de Maldonado y el 3 de agosto llegó a la desembocadura del río Negro (límite entre las provincias de Buenos Aires y Río Negro), donde se encontraban las poblaciones más meridionales (exceptuadas las aborígenes) de América, de las cuales la más importante era Carmen de Patagones, ubicada al sur de la provincia de Buenos Aires.

El 11 de agosto de 1833, Darwin inició su viaje hacia el Norte con destino a Bahía Blanca. Al llegar al río Colorado se presentó en el campamento de Rosas, que para entonces estaba concluyendo su Expedición al Desierto, y obtuvo de él un pasaporte con una orden para las postas del gobierno.

En una de las excursiones que realizó a Punta Alta, localidad ubicada al sudeste de Bahía Blanca, Darwin descubrió un importante yacimiento fosilífero, de donde extrajo restos de un caballo fósil y un megaterio, además de otros correspondientes a mamíferos extinguidos desconocidos hasta entonces. Estos fósiles, como los que Darwin descubrió posteriormente, fueron depositados en el Colegio de Cirujanos de Londres y descriptos por Sir Richard Owen. A partir de los restos hallados en Punta

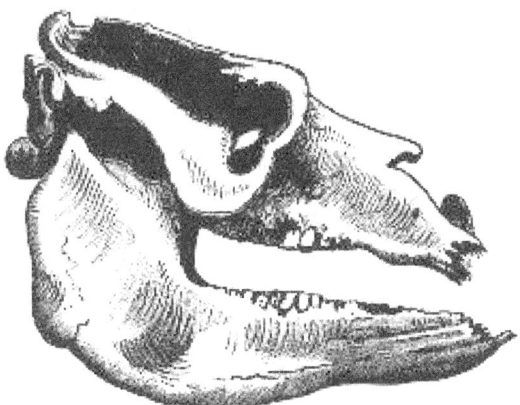

Cráneo y mandíbula de Toxodon platensis hallado por Darwin en Saladillo, provincia de Buenos Aires. Dibujo de R. T. Pritchett.

Alta, Owen fundó los géneros *Scelidotherium*, *Glossotherium* y *Mylodon*, pertenecientes a perezosos terrestres gigantes, además de *Macrauchenia* y *Toxodon*, correspondientes a ungulados nativos.

Al sudeste de Punta Alta, y a 17 kilómetros al oeste del balneario Pehuén Có, Darwin descubrió otro yacimiento paleontológico conocido como Monte Hermoso. Darwin llegó correctamente a la conclusión de que esos sedimentos eran más antiguos que los aflorantes en gran parte de las barrancas de los ríos y arroyos de la provincia de Buenos Aires. Aunque sólo halló algunos roedores fósiles, investigadores posteriores colectaron numerosos restos de vertebrados, siendo una de las localidades fosilíferas más importantes de la Argentina.

Diente de un caballo fósil hallado por Darwin
en los alrededores de Bahía Blanca, provincia de Buenos Aires.
Dibujo de R. T. Pritchett.

El *Beagle* zarpó del puerto de Bahía Blanca hacia el Río de la Plata en setiembre de 1833, mientras que Darwin viajó a caballo desde esa localidad hasta Buenos Aires. Durante su permanencia en esta ciudad, lo hizo en la residencia del comerciante inglés Mr. Lumb. Dicho comerciante poseía una amplia casona y terreno sobre la actual calle Bolívar (N°276, 280, 284 y 288). Asimismo informó al naturalista el hallazgo de cristales de yeso en el Riachuelo. Tiempo después, cuando Darwin recabó información adicional sobre la "vaca ñata", Mr. Lumb sirvió de nexo con el Dr. Francisco Javier Muñiz, quien contestó el cuestionario que aquel envió. Otro connacional de Darwin, Woodbine Parish, encargado de los negocios británicos en el Plata, brindó a éste numerosos contactos y materiales fósiles que había colectado, a la vez que innumerables observaciones sobre geología, fauna y flora. A fines de la década de 1830 regresa a Europa con importantes restos fósiles, los que serán estudiados por Owen junto a los logrados por la expedición del *Beagle*.

Después de haber permanecido una semana en Buenos Aires, Darwin partió en una carreta tirada por bueyes rumbo a Santa Fe, pasando por Luján, donde residía Muñiz. Los dos naturalistas no se conocieron personalmente, pero más tarde mantuvieron correspondencia científica iniciada por Darwin. En la costa del río Carcarañá, Darwin desenterró un diente completo de un toxodonte y pequeños fragmentos de la muela de un mastodonte.

Cruzando el río Paraná, Darwin llegó a la ciudad del mismo nombre. En las barrancas del río extrajo dientes de tiburones y caparazones de moluscos fósiles. Estas barrancas habían sido descriptas por D'Orbigny seis años atrás y serían estudiadas más tarde por el ingeniero en minas francés Auguste Bravard, cuyos resultados publicó en 1858. A raíz de que seis especies de bivalvos (*Ostrea patagonica, Ostrea alvarezi, Pecten paranensis, Pecten darwinianus, Venus müensteri* y *Arca bomplandeana*) descubiertos en las barrancas del Paraná, y descriptas en 1842 por D'Orbigny, también se encuentran como fósiles en los depósitos marinos que afloran en las costas patagónicas, Darwin consideró que ambas series de estratos forman parte de la misma formación geológica. Tanto D'Orbigny como Darwin adjudicaron correctamente al período Terciario las capas del Paraná.

En los depósitos pampeanos de Paraná, Darwin halló en octubre de 1833 "el armazón óseo de un animal gigantesco parecido al armadillo", que correspondía a un gliptodonte, junto con los dientes de un toxodonte y un mastodonte, y un diente de caballo fósil.

El 12 de octubre de 1833, debido a problemas de salud, Darwin se embarcó rumbo a Buenos Aires. Ocho días después desembarcó en Las Conchas (partido de Quilmes), con la idea de seguir a caballo hasta Buenos Aires, pero se encontró con una rebelión de los federales en contra del gobierno de Florencio Balcarce. Este estallido se realizó como consecuencia de la acusación del fiscal de la provincia hacia el periódico federal *El Restaurador de las Leyes* "por abusar de la libertad de prensa". El día del juicio se había fijado para el 11 de octubre de 1833. Como los partidarios de Rosas fijaron carteles anunciando el juicio a *El Restaurador de las Leyes* (de esa forma era conocido Rosas), se creó intencionalmente una situación equívoca que originó una pueblada, ya que se daba a entender que se procesaría a Rosas. Ese día estalló la llamada "Revolución de los Restauradores" que culminó con la renuncia de Balcarce. Gracias a que mencionó que había conocido a Rosas, Darwin consiguió que lo acompañe un oficial hacia Buenos Aires.

El desembarco en Buenos Aires. Dibujo de R. T. Pritchett.

Después de haber permanecido forzosamente durante quince días en Buenos Aires, que se encontraba en estado de sitio, Darwin escapó en un buque hacia Montevideo, donde se encontraba el *Beagle*. Como este navío no zarparía por algún tiempo, Darwin preparó una excursión hacia Colonia del Sacramento, que partió el 14 de noviembre de 1833. El 26 de noviembre, sobre la orilla del arroyo Sarandí, afluente del río Negro, Darwin compró a unos lugareños un cráneo de un toxodonte por la suma de 18 peniques. Cuando se descubrió, el cráneo estaba en perfecto estado, pero sus descubridores lo usaron como blanco para tirar piedras, dejándolo en muy mal estado. Luego encontró restos de un gliptodonte y gran parte del cráneo de un milodonte.

Darwin comentaba que era muy común el hallazgo de grandes huesos fósiles en esa parte del Uruguay y daba como ejemplos algunos nombres locales, como el "Arroyo de las Bestias" y "La Montaña del Gigante". El naturalista relataba que "En otras ocasiones me han contado que ciertos ríos tienen la maravillosa propiedad de aumentar el tamaño de los huesos, trocando los pequeños en grandes, o que los huesos mismos crecían, según aseguraban algunos". Admirado por la abundancia de fósiles, Darwin decía que "Podemos, pues, concluir que toda la extensión de las Pampas es una inmensa necrópolis de estos gigantescos cuadrúpedos extintos".

El 6 de diciembre de 1833, el *Beagle* zarpó del Río de la Plata con destino a Puerto Deseado, en el noreste de la provincia de Santa Cruz, donde llegó después de diecisiete días de navegación. El 9 de enero de 1834, este navío se encontraba anclado en Puerto San Julián, a unos 240 kilómetros al sur de Puerto Deseado, donde permaneció ocho días. En Puerto San Julián, Darwin descubrió parte del esqueleto de una macrauquenia (*Macrauchenia patachonica*), un animal tan grande como el camello. Durante el mes de abril, en una partida con botes, remontó el río Santa Cruz, hasta divisar a lo lejos, los Andes y después regresar. Luego de explorar los canales fueguinos, el 10 de julio de 1834, entró el barco en el Pacífico.

El 20 de febrero de 1835, Darwin fue testigo de un terremoto, pero sin ninguna consecuencia para él debido a que se encontraba en Valdivia, Chile, descansando en un bosque. El 11 de marzo, el *Beagle* ancló en Valparaíso y dos días después Darwin salió para Santiago, partiendo de esta ciudad el 18 de marzo con el fin de cruzar la cordillera de los Andes por el paso del Portillo. En este recorrido, Darwin halló numerosos caparazones fósiles de moluscos y el entusiasmo que tenía era tan grande que no sintió los efectos de la altura (apunamiento) que afectaba a sus compañeros de travesía. El 29 de marzo la expedición emprendió el regreso a Chile a través del paso de Uspallata. Al otro día, Darwin se detuvo en Villavicencio, localidad que, a pesar de su nombre, consistía solamente de una choza solitaria. En ese sitio, Darwin se dedicó a estudiar la geología de la sierra de Uspallata y, en la zona conocida como Región del Agua de la Zorra, en el Paramillo de Uspallata, descubrió un bosque de araucarias petrificadas. Esta flora, de edad triásica, fue estudiada por la paleobotánica Mariana Brea, de la Facultad de Ciencias Naturales y Museo de la Universidad Nacional de La Plata, siendo el tema de su tesis doctoral, presentada en 1995.

Darwin y Fitz-Roy fueron sorprendidos el 17 de mayo de 1835 por la tarde por otro terremoto, mientras comían en casa de un inglés de apellido Edwards, en la localidad chilena de Coquimbo. En esta zona, Darwin observó estratos con caparazones de moluscos fósiles. El 11 de junio de ese año, Darwin halló troncos petrificados y moluscos extintos en el valle de Copiapó.

Después de una escala en el puerto de El Callao, en Perú, el *Beagle* abandonó la parte continental de América del Sur para dirigirse al archipiélago de las Galápagos. Luego tomo rumbo hacia Tahití, Nueva Zelanda, Australia, Islas Cocos; Isla Mauricio, Cabo de Buena Esperanza, Ascensión y Bahía en Brasil para dirigirse finalmente a Inglaterra, arribando a Falmouth el 2 de octubre de 1836.

Al publicar en 1846 sus *Geological observations on South América*, en el capítulo IV: "On the Formation of the Pampas", con criterio regional y discriminatorio elude esta formación, de la que expresa: "the Pampean Formation is highly interesting from its vast extent, its disputed origin and from the number of extint gigantic mamifers embedded in it" ("la Formación Pampeana es altamente interesante por su vasta extensión, su discutido origen y por su cantidad de mamíferos gigantes extintos embebidos en ella"). Es indudable que la estadía y los recorridos por diversas zonas de la región del Plata, la visión de la fauna y los numerosos hallazgos de fósiles, fueron incentivos muy poderosos en las futuras ideas sobre la evolución del joven naturalista. De las 24 libretas para anotaciones de campo que se conservan, 13 son de tierra adentro, casi todas con anotaciones sobre Argentina. Un párrafo del capítulo VIII de su Diario de Viaje adelanta sus ideas evolucionistas:

> "Esta maravillosa relación en el mismo continente entre las (especies) muertas y las vivientes, yo no dudo que más adelante arrojará más luz que ninguna otra clase de hechos sobre la aparición de seres organizados sobre nuestra tierra y su desaparición de ella".

A su muerte, el 19 de abril de 1882, era enterrado solemnemente en la Abadía de Westminster y a un mes exacto de su deceso se realizaba en Buenos Aires, en el Teatro Nacional, auspiciado por el Círculo Médico Argentino, un homenaje en el que habla en primer término Domingo Faustino Sarmiento y luego Eduardo Holmberg, representantes de dos generaciones de argentinos que rendirán tributo intelectual al científico inglés.

V

MUÑIZ,
EL PRIMER PALEONTÓLOGO ARGENTINO

Francisco Javier Muñiz
(óleo sobre tela de E. Cerutti, 1899, conservado en el Museo de La Plata).

Francisco Javier Tomás de la Concepción Muñiz nació en San Isidro, provincia de Buenos Aires, el 21 de diciembre de 1795. Comenzó sus estudios de medicina en el Instituto Médico-militar, institución que comenzó a funcionar en 1815 bajo la dirección de Cosme Argerich. Este instituto funcionó en forma precaria hasta 1821 y sus cursos pasaron a depender de la Universidad de Buenos Aires, que había sido creada en ese año. Al año siguiente, Muñiz se recibió de médico, rindiendo sus últimos exámenes en el recién creado Departamento de Medicina de la Universidad.

En 1825, por disposición del general Miguel Soler, Muñiz marchó como cirujano a Chascomús, donde estaba acampado el regimiento de Coraceros al mando del general Juan Lavalle. En esa oportunidad reveló condiciones particulares de paleontólogo, dando a conocer algunos fósiles desenterrados por él en las proximidades de las lagunas de Chascomús y de Vitel. Allí recogió los restos muy completos de un *Glyptodon* y los de un armadillo gigante que denominó "*Dasypus giganteus*". A partir de ese momento comenzó a recolectar y estudiar huesos fósiles que le dieron renombre en el exterior y provocaron la atención de Darwin.

En 1828, al ser designado por el gobernador Manuel Dorrego como médico y encargado de la administración de vacunas, Muñiz se trasladó a la Villa de Luján. Este cargo le permitió dedicarse a las exhumaciones paleontológicas, a los estudios sobre higiene y a la climatología de la provincia de Buenos Aires; sobre todos estos temas escribió. En los veinte años que estuvo en Luján, Muñiz colectó y describió una gran cantidad de mamíferos fósiles, tarea que lo coloca como el precursor de la paleontología argentina, no habiendo ninguna personalidad que pueda comparársele hasta la aparición de Florentino Ameghino.

En junio de 1841, Muñiz le remitió a Rosas once cajones con restos de megaterios, gliptodontes, mastodontes, toxodontes, macrauquenias y otros mamíferos, entre los que se mencionan huesos carpianos de un "ourangoutan". Todos estos fósiles provenían de Luján y sus alrededores y estaban acompañados de una lista descriptiva. Para clasificar a los fósiles, Muñiz se guiaba con un libro escrito por Cuvier, cuyo título resumido es *Ossemens Fossiles* (*Osamentas fósiles*). Varios de los mamíferos remitidos a Rosas e identificados por Muñiz habían sido descriptos por Owen entre 1838 y 1840, lo que indica que Muñiz había tenido acceso a los recientes trabajos del paleontólogo inglés.

La mayor parte de la colección de Muñiz fue enviada a París por el almirante Jean Henri Dupotet como un obsequio por un tratado celebrado en octubre de 1840 entre el gobierno de la provincia de Buenos Aires y el de Francia que ponía fin al bloqueo francés y a la intervención de ese país respecto del apoyo a los unitarios en el litoral y a la fallida expedición "libertadora" preparada por Juan Lavalle en 1840. Este tratado había sido firmado a bordo del bergantín francés *La Boulonnaise* por el ministro Felipe de Arana y el almirante y ministro de marina francés barón de Mackau. Los fósiles depositados en el Muséum National d'Histoire Naturelle (Museo Nacional de Historia Natural), de París, fueron estudiados por el naturalista Paul Gervais (1816-1879).

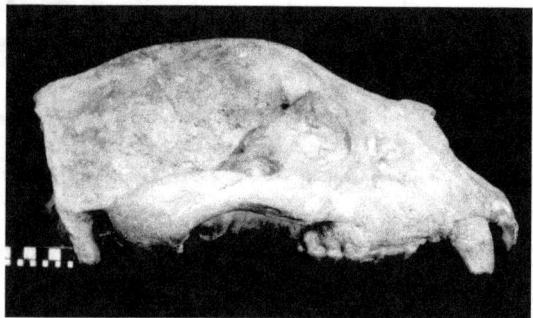

Cráneo, en vista lateral, de un oso extinguido: *Arctotherium latidens.*

Muñiz había descubierto dos fragmentos de una misma mandíbula de un oso fósil, uno de los cuales quedó en el Museo de Buenos Aires y el otro fue llevado a París por Dupotet. Sobre la base de este último fragmento mandibular, Henri Gervais fundó en 1854 la especie *Ursus bonaerensis*. En 1856, Auguste Bravard, basándose en el ejemplar del Museo de Buenos Aires, incluyó al mismo animal en otro género, al que denominó *Arctotherium*, creando la especie *Arctotherium latidens*, la que actualmente se considera como válida. Entre los materiales cedidos por Rosas, también fueron a París los restos del *Lestodon* descubierto por primera vez por Muñiz. Asimismo, también se encontraba una parte del esqueleto de un caballo fósil, que más tarde sería identificado como perteneciente al género *Hippidion*, por Owen.

Un hito importante en la historia de los estudios paleontológicos en la Argentina está señalado por la descripción pormenorizada, en la Gaceta Mercantil del 9 de octubre de 1845, del esqueleto de un enorme felino de dientes de sable hallado en las barrancas del río Luján. Muñiz denominó a su hallazgo como *Muñi-felis bonaerensis* (a pedido de sus amigos, según Sarmiento). En ese artículo, su autor describió las características osteológicas y dentales del animal, cuyos restos había hallado en las cercanías de la Villa de Luján el año anterior, y las comparó con las del león y del tigre actuales, además del león de las cavernas (*Panthera spelaea*) del Pleistoceno europeo. Muñiz ignoraba que ese félido había sido descubierto por el científico danés Peter Lund en unas cavernas de Brasil, quien los describió en 1842 bajo el nombre de *Smilodon populator*. Llama la atención el tiempo transcurrido desde el envío de la nota hasta su publicación. Muñiz remitió su artículo al editor de la *Gaceta Mercantil* el 1º de julio de 1845 ("año 36 de la libertad, 29 de la independencia y 16 de la Confederación Argentina") y fue publicado recién después de algo más de tres meses. El esqueleto lo retuvo el doctor Muñiz en su poder por espacio de veinte años y en ese intervalo recibió de Darwin, con quien mantenía correspondencia, una oferta de 500 libras esterlinas por la preciosa reliquia, con destino al Museo Británico, pero recibió de este la negativa a venderlo para que la pieza no saliera del país.

Cuando Burmeister tomó la dirección del Museo en 1862, una de sus primeros empeños fue adquirir el importante esqueleto del tigre fósil y se puso en relación con Muñiz conviniendo su adquisición en la suma de treinta mil pesos en moneda de la época. La operación estuvo al borde del fracaso por la falta de fondos del Museo Nacional. En la ocasión el señor Guillermo Wheelwrigth, administrador del ferrocarril en construcción Central Argentino, adquirió el esqueleto, mediante el compromiso de no sacarlo del país y lo obsequió al Museo de Buenos Aires.

Al referirse a sus estudios sobre la formación Pampeana, Ameghino dice:

> "El distinguió ya en esa época el *pos-pampeano lacustre* y su origen al que llama *creta blanca* y el *pampeano lacustre* que denomina terreno fosilífero o *marga amarillenta,* formaciones que distingue del *pampeano rojizo*".

Pese a su aislamiento, este notable médico y naturalista se mantuvo informado de los trabajos sobre paleontología que se editaban en Europa y mantuvo correspondencia con personalidades como Geoffroy de Saint Hilaire y Charles Darwin. A este último envió información sobre la "vaca ñata" a través del comerciante inglés en Buenos Aires Mr. Lumb. Dicha información fue publicada por Darwin en 1868 en su trabajo *The Variation of plants and animals under domestication*.

Además envió importante colección de restos fósiles a la Academia de Ciencias de Estocolmo, según la carta de agradecimiento del director de la citada Academia, mencionada por Sarmiento.

Francisco Javier Muñiz murió el 7 de abril de 1871, víctima de la fiebre amarilla que azotaba Buenos Aires y contra la cual luchó como médico que era.

VI

EL MUSEO
DE LA CONFEDERACIÓN EN PARANÁ

El 17 de julio de 1854, al poco tiempo de asumir como el primer presidente de la Confederación Argentina, el general Justo José de Urquiza creó un Museo Nacional dedicado principalmente a las ciencias naturales y designó como director a Alfred Marbais du Graty, un oficial belga versado en geografía y topografía que había tenido que emigrar de su país natal por razones políticas. La sede del Museo se hallaba en los altos de la casa en la que funcionaba el Banco Nacional.

Auguste Bravard en una antigua albúmina conservada en el Museo de La Plata

La finalidad del Museo Nacional era difundir en el exterior la imagen de la riqueza argentina, principalmente de sus minerales. Esta tarea propagandística era realizada por du Graty desde las páginas de *El Nacional Argentino*, periódico y boletín oficial de la Confederación Argentina, y de periódicos europeos. Con el fin de atraer el interés europeo hacia los recursos naturales de la Confederación Argentina, el Museo Nacional participó en 1855 de la exposición de productos de la industria y del comercio, realizada en París, con una muestra de minerales.

En 1857, du Graty fue nombrado comandante general de frontera, reemplazándolo el ingeniero francés Pierre Joseph Auguste Bravard (1803-1861), quien desde 1853 se encontraba en la Argentina desarrollando actividades de exploración científica y coleccionando fósiles para el Museo de París. Además de director del Museo Nacional, Bravard había sido designado por Urquiza como Inspector General de Minas de la Confederación Argentina.

Entre las importantes contribuciones de Bravard a la geología y la paleontología de la Argentina están sus obras: *Estado físico del territorio - Geología de las Pampas* (1857) y en el mismo año: *Observaciones geológicas sobre diferentes terrenos de transporte en la hoya del Plata*; sumando en 1858 su *Monografía de los Terrenos Marinos Terciarios de las cercanías del Paraná*.

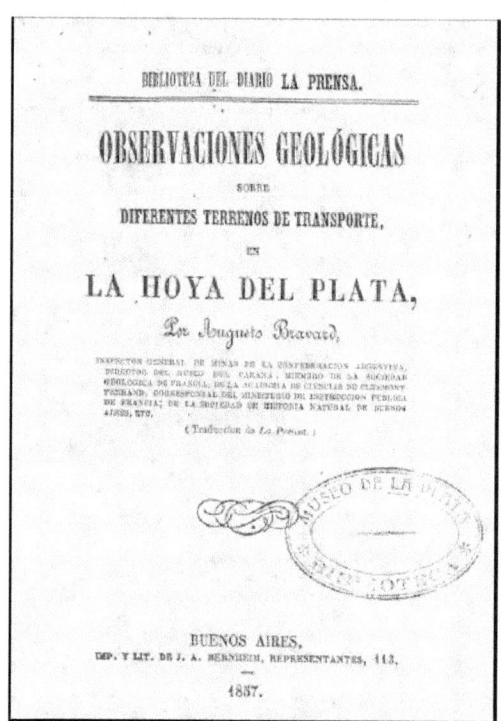

Portada de uno de los trabajos científicos de Bravard.

Mientras fue director del Museo Nacional, donó una importante colección de minerales, de fósiles y de aves, preparada en colaboración con du Graty y con el médico, viajero y escritor francés Martín de Moussy. Entre 1854 y 1855, Bravard descubrió los primeros restos conocidos de un mamífero del grupo de los tipoterios, con los que fundó, sin describirlo, el género *Typotherium*; en 1867, el profesor Serres realizó una descripción del esqueleto de este animal

56

bajo el nuevo nombre genérico de *Mesotherium*, que es el que se considera válido actualmente. Una especie de este género, *Mesotherium cristatum*, posee un gran valor estratigráfico, ya que su presencia permite asignar a los sedimentos que lo contienen a la edad Ensenadense, la más antigua del período Cuaternario en la bioestratigrafía de América del Sur. Al realizar estudios en los alrededores de Bahía Blanca, Bravard realizó el primer mapa geológico y topográfico publicado en la Argentina. Al mismo, también se debe la primera mención del origen eólico de los depósitos loéssicos de la llanura pampeana.

Reconstrucción pictórica de *Mesotherium* (por Agustín Viñas).

Bravard actuó como socio corresponsal de la Asociación Amigos de la Historia Natural del Plata, realizando la clasificación y ordenamiento de las piezas fósiles del Museo de Buenos Aires. Durante su traslado a Mendoza para continuar con el relevamiento de los recursos minerales de la región cuyana, murió como consecuencia del terremoto que destruyó esa ciudad el 20 de marzo de 1861. En 1868, el gobierno compró su colección de fósiles, comprometiéndose a pagar 8000 francos durante tres años a su viuda en París.

Relacionados con las actividades de Bravard, trabajaron en el país durante la misma época Francisco Seguín y P. Bonnement, quienes coleccionaron numerosos fósiles para el museo de París; algunos de ellos serían estudiados por Henri Gervais y Ameghino durante su estadía en Francia. Todos estos coleccionistas siguieron indicaciones de d'Orbigny, quien señaló en mapas la existencia de fósiles de vertebrados en distintos lugares.

El museo de Paraná volvió a funcionar entre 1884 y 1899, llegando a adquirir importancia en 1886, bajo la dirección del italiano Pedro Scalabrini, en especial por sus colecciones paleontológicas. En sus excursiones de 1870 a 1910, llegó a colectar más de setentidós mil objetos, que donó al Museo de Entre Ríos, la Escuela Normal de Paraná, Corrientes y el Museo Escolar Argentino. Muchos de los fósiles hallados por Scalabrini fueron estudiados por Florentino Ameghino. Entre éstos, dos muelas superiores, a partir de las cuales Ameghino fundó en 1883 el género *Scalabrinitherium* y la especie *bravardi*, denominados así en honor a Scalabrini y Bravard respectivamente. Este mamífero estaba emparentado con la macrauquenia, descubierta por Darwin, pero su antigüedad era mayor.

La ciudad de Mendoza en ruinas como consecuencia del terremoto del 20 de marzo de 1861.
Allí pereció Auguste Bravard.

El Museo de Entre Ríos desapareció como institución a fines del siglo XIX y sus colecciones se dispersaron. Recién en 1917, por una iniciativa estudiantil, en la que participó, entre otros, Antonio Serrano, se fundó la Asociación Estudiantil Museo Popular. En 1924, este museo se convirtió en una institución escolar oficial y en 1934 en el Museo de Entre Ríos. A partir de 1929 publicó sus *Memorias*, que abarcaron, entre otros, temas de ciencias naturales. Actualmente, esta institución se denomina Museo Provincial de Ciencias Naturales y Antropológicas "Profesor Antonio Serrano".

VII

LA SOCIEDAD CIENTÍFICA ARGENTINA.
LOS COLECCIONISTAS PARTICULARES Y LOS
EXPLORADORES DEL TERRITORIO NACIONAL

A mediados de 1872, en el Departamento de Ciencias Exactas de la Universidad de Buenos Aires surgió un grupo liderado por Estanislao Severo Zeballos (1854-1923), entonces estudiante de ingeniería y de derecho, que fundó la Academia Científica de Buenos Aires; al poco tiempo cambió su nombre por el de Academia Científica Argentina, luego Estímulo Científico, para adoptar finalmente su nombre actual: Sociedad Científica Argentina.

Estanislao S. Zeballos.

La finalidad de esta institución era:

"Fomentar especialmente el estudio de las ciencias matemáticas, físicas y naturales, con sus aplicaciones a las artes, a la industria y a las necesidades de la vida social. Estudiar las publicaciones, inventos o mejoras científicas, especialmente las que tengan una aplicación práctica a la República Argentina. Reunir para este objeto a los ingenieros argentinos y extranjeros, a los estudiantes de Ciencias Exactas y a las demás personas cuya ilustración científica responda a los fines de esta corporación".

Los estatutos de esta institución habían sido redactados por Zeballos y su primer presidente fue el ingeniero Luis Augusto Huergo, quien se encargaría de la rectificación del Riachuelo y de la construcción de un puerto en la Boca.

Zeballos, junto a un grupo de entusiastas, fundó en 1874 un periódico científico denominado *Anales Científicos Argentinos*, del cual aparecieron cinco números. Desde 1876, este periódico se convirtió en la publicación oficial de la Sociedad, con el nombre *Anales de la Sociedad Científica Argentina*. La Comisión Redactora de los *Anales* estaba integrada por Pedro Pico, Zeballos, Guillermo Villanueva, Pedro Arata y Juan Kyle.

Portada del tomo primero de los *Anales de la Sociedad Científica Argentina*

El tomo primero de los *Anales de la Sociedad Científica Argentina* contenía, entre otros, tres trabajos relacionados con la paleontología: "Conferencia sobre los fósiles y su origen e importancia para la ciencia", de Ludwig Brackebusch; "Una excursión orillando el Río de la Matanza", de Walter Reid, Francisco Pascasio Moreno y Zeballos; y "Notas geológicas sobre una excursión a las cercanías de Luján", de Zeballos y Reid. En el último de esos artículos se mencionaba que dos hermanos de apellido Bretón habían denunciado a la Sociedad Científica Argentina, en febrero de 1876, la existencia de un depósito de fósiles en las cercanías de Luján, además de una punta de proyectil de sílex que supuestamente estaba clavada en la mandíbula de un "león fósil" (un esmilodonte). Debido a que esta punta tenía un aspecto moderno, Zeballos y Reid dudaban de la veracidad de este hallazgo, que seguramente se trataba de un fraude. En el capítulo XXIX de su libro *La antigüedad del Hombre en el Plata*, Ameghino relata que los hermanos Bretón le habían mostrado en enero de 1875 un instrumento de sílex que habían descubierto entre los huesos de un toxodonte, ¿sería también un fraude? Los hermanos Bretón coleccionaron restos de vertebrados fósiles que luego fueron vendidos.

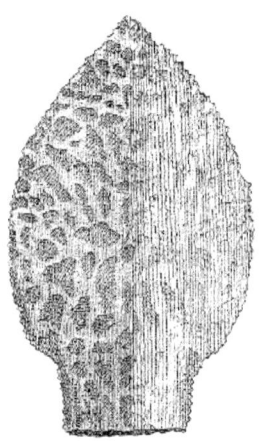

FIG. I.

Punta de silex que supuestamente estaba clavada en la mandíbula de un "león fósil"
(ilustración tomada del tomo I de los *Anales de la Sociedad Científica Argentina*).

Otro coleccionista privado de fósiles fue el señor Manuel Eguía. Miembro de la "Asociación de amigos de la historia natural del Plata", su labor fue reconocida y mencionada por Florentino Ameghino en sus trabajos. Desarrolló su profesión de agrimensor y se dedicó a registrar observaciones meteorológicas. Después de su muerte, una parte de sus colecciones fueron adquiridas por el Museo de Buenos Aires. A los mencionados se agrega José Antonio Larroque, quien participó con sus colecciones en la exposición internacional de París de 1878; parte de esos materiales fueron cedido a Florentino Ameghino; otra parte de la colección se vendió al museo de Filadelfia en 20.000 francos.

En agosto de 1875, la Junta Directiva de la Sociedad Científica Argentina nombró vocal a Moreno, que entonces tenía 23 años de edad. Con el apoyo de Zeballos, Moreno solicitó la ayuda del gobierno de la provincia de Buenos Aires para realizar una expedición a la Patagonia, desde Carmen de Patagones, en la costa atlántica, hasta Valdivia, en el Pacífico.

Carmen de Patagones, ca. 1850

Con el apoyo del gobierno nacional, la Sociedad organizó otra expedición a la Patagonia, a cargo de Ramón Lista (1856-1897), cuya finalidad era explorar el territorio comprendido entre los 43 y 49 grados de latitud sur, que se extiende desde el sur de la Península Valdés al centro de la provincia de Santa Cruz; este viaje se realizó en 1877, efectuando otros posteriormente hasta 1880. Luego, como gobernador de Santa Cruz, colaboró con distintas expediciones que se realizaron en ese territorio en busca de fósiles.

Otros exploradores de la Patagonia que participaron en el hallazgos de restos paleontológicos fueron Jorge Luis Fontana (1846-1920), Gobernador de Chubut y Carlos Moyano (1854-1910), gobernador de Santa Cruz quienes donaron sus colecciones para estudio a Florentino Ameghino.

Carlos M. Moyano (www.mirioturbio.com.ar).

VIII

LA CONSOLIDACIÓN DE LOS ESTUDIOS PALEONTOLÓGICOS EN LA ARGENTINA

Los Ameghino: Florentino, Carlos y Juan

Casa paterna de los Ameghino en Luján. Fotografía tomada en la década de 1960 por el geólogo Juan José Nágera.

El advenimiento de Florentino Ameghino (1854-1911) y sus dos hermanos entraña un acontecimiento histórico de gran valor en el desarrollo de la paleontología de los vertebrados en la Argentina. El único antecedente científico autóctono en la materia es el trabajo de Muñiz.

A la caída del gobierno de Rosas se inició en la Argentina una gran inmigración proveniente de Europa. Entre miles de ellos, durante el primer semestre de 1854 arribaron al país, después de un azaroso viaje, los italianos Antonio Ameghino y María Dina Armanino. Con parientes en la villa de Luján se instalaron allí y el marido comenzó tareas de zapatero. El 18 de setiembre de ese año nació el primogénito Florentino. No hay registros del nacimiento de Florentino en Luján, por lo cual, y ante otras evidencias, se ha propuesto como alternativa su nacimiento en Italia –Moneglia, cerca de Génova– en el mismo mes, pero de 1853. Sus hermanos declararon posteriormente que, al igual que ellos, Florentino había nacido en la Argentina.

Más allá de las primeras enseñanzas impartidas en el hogar, Florentino fue educado en forma precaria, primero por un vecino inglés, Don Guillermo, que lo alecciona en escritura y cuentas, y luego en la pequeña escuela municipal, por un preceptor de apellido García. La inteligencia precoz de Ameghino fue reconocida en Luján donde el monitor Tapie le dio clases gratuitas de francés. En 1867 ingresó en la Escuela Normal de Preceptores en Buenos Aires, donde cursó durante dos años; luego la escuela es cerrada por falta de alumnos. La deserción de la juventud a raíz de la guerra con el Paraguay y las sucesivas epidemias de cólera y fiebre amarilla en la ciudad fueron la causa de ello.

Partida cívica de Florentino Ameghino donde figura como lugar de nacimiento, Luján.

En 1869 ingresó como docente a la Escuela Elemental e Infantil de Mercedes, siendo subpreceptor, luego ayudante primero y posteriormente director del establecimiento, cargo al que accedió en 1877.

Ameghino supo de las experiencias de Muñiz en el río Luján y comenzó a interesarse por los libros que trataban el tema. Ya en la Escuela Normal accedió a la obra de Lyell y entonces sus excursiones al río y arroyos de la zona fueron tomando vuelo intelectual. La colección de fósiles, así como las observaciones geológicas, comenzaron a transformarse en trabajos. En 1875 apareció en el *Journal de Zoologie* de París fragmentos de una carta donde refiere el descubrimiento de restos humanos y culturales asociados a fauna extinguida en la zona de Mercedes. Florentino tenía veinte años. Anteriormente, el Dr. Giovanni Ramorino, profesor de Ciencias Naturales en la Universidad y el Colegio Nacional de Buenos Aires, fue testigo de las excavaciones y el hallazgo de restos, y alentó al muchacho a publicar los resultados. Desgraciadamente, este generoso docente enfermó y viajó a Italia de donde no volvió.

Florentino Ameghino, ca. 1878.

En 1878 decidió presentar en París, con motivo de la Exposición Internacional, su colección de fósiles, además de exponer sus ideas sobre los mismos. Es alentado a viajar por dos amigos de Mercedes que deciden hacerse cargo de los gastos del viaje, son ellos Casimiro Nogaró y Camilo Salomone. Ya en París publicó, junto a Paul y Henri Gervais, un catálogo de los vertebrados fósiles de América Meridional. Vendió al paleontólogo norteamericano Edward Cope parte de su colección por la que recibió 120.000 francos, lo que le permitió vivir en Europa dos años y editar su obra *La Antigüedad del Hombre en el Plata*. Canjeó algunos otros materiales por objetos prehistóricos de Europa y Norteamérica; visitó centros de investigación en Inglaterra, Bélgica y Dinamarca y se contactó con personalidades como De Mortillet, Cope, Capellini, Quatrefages, Schmidt, Gaudry y Flower. Tejió un romance con Leontine Poirier, hija del dueño del hotel donde paraba, y se casó con ella, quien lo acompañaría a su patria al regreso, a mediados de 1881.

Retornado a Buenos Aires, con el pequeño capital que le resta decidió abrir una librería en la calle Rivadavia (número actual 2339) a la que bautizó con el singular nombre de *El Gliptodon*. Invitó a su hermano Carlos a acompañarlo, ya que éste se encontraba desocupado, y lo incitó a estudiar el método creado por él mismo de taquigrafía, para luego conseguirle empleo en el Congreso Nacional. Pese haber editado un folleto con este método, el mismo no tuvo éxito.

Colegio Nacional "Florentino Ameghino" de Mercedes (1905). Curiosamente, la escuela Nº 2 de Mercedes, donde Ameghino fue docente, lleva el nombre de "General San Martín".

En 1883, después de publicar un trabajo sobre la clasificación de los gliptodontes, dio a conocer los hallazgos fósiles efectuados por Pedro Scalabrini en las barrancas del Paraná. Esta serie de publicaciones aparecieron en el *Boletín de la Academia Nacional de Ciencias de Córdoba.* La Academia le ofreció a Ameghino el apoyo y reconocimiento a su labor y lo invitó a dictar un curso en la Universidad de Córdoba, la que le confirió el grado de Doctor *honoris causa.* Ameghino se trasladó a esa ciudad y permaneció durante 1885-86, mientras que su hermano Juan Ameghino permaneció al frente de la librería *El Gliptodon.*

En 1886 fue invitado por Moreno a ocupar la Subdirección del Museo de La Plata y su hermano Carlos fue nombrado Naturalista Viajero de esa institución. Interesado en los fósiles que Moreno había coleccionado en 1876-77, remontando el río Santa Cruz, consiguió que se comisione a su hermano en la exploración de dichos territorios. Luego de una tarea de nueve meses, Carlos regresó con una espléndida colección, que es estudiada y publicada a fines de 1887. El viaje de Carlos a la Patagonia iniciaba una serie que demandaría varios años y aportaría descubrimientos prodigiosos, así como observaciones geológicas de gran importancia.

Por la misma época, y alentado por los hallazgos del joven Carlos Burmeister, viajó a Monte Hermoso, donde recogió materiales e información geológica que volcaría en sucesivos trabajos.

Habiendo renunciado a su cargo en el Museo de La Plata, emprendió una gran obra que reuniese todos los datos recogidos hasta ese momento sobre paleontología argentina. Este gran esfuerzo de catorce meses de labor tuvo como fruto un volumen de 1.060 páginas más un atlas de 98 láminas conteniendo más de dos mil figuras. Se trata de su "Contribución al conocimiento de los mamíferos fósiles de la República Argentina" Las 111 especies fósiles mencionadas en el catálogo publicado en 1880 aumentaban aquí a 570 en éste, de las cuales 450 fueron creadas por Florentino.

Carlos Ameghino.

Los años siguientes son pródigos en trabajos. Algunos de ellos están dedicados a los mamíferos fósiles de Tucumán y Catamarca, que le permitieron crear un nuevo "horizonte" estratigráfico entre aquellos de Monte Hermoso y Paraná. Otro notable trabajo se refiere a los monos fósiles de Patagonia. En 1894 apareció su enumeración sinóptica de los mamíferos de las formaciones de Patagonia, donde registró 440 especies. Al año siguiente apareció un detallado informe de las aves fósiles de la Patagonia y la primera noticia sobre la fauna de las capas con *Pyrotherium*. Carlos Ameghino descubrió varios yacimientos con restos de este y otros mamíferos, reptiles y aves gigantescas, antecesoras de los *Phororhacos*.

En 1896 dio a conocer sus ideas sobre la evolución de los dientes de los mamíferos. Los hallazgos efectuados por Carlos Ameghino en la Patagonia durante los años 1896-99 brindaron al estudio de Florentino un material vasto y variado. Aparecieron así tres nuevas memorias. En la primera fundó el orden de los Protoungulata y uno de los géneros principales pasará a denominarse *Caroloameghinia*, en homenaje a su hermano. En la segunda hizo el anuncio preliminar de nuevos hallazgos, mientras que en la tercera enumeró la fauna mamalógica del horizonte con *Colpodon*. El trabajo conjunto de Carlos en el campo y Florentino en el laboratorio cristalizaría en la descripción y estudio de más de 1000 especies nuevas. Con todo este rico material en su colección particular, Ameghino encaminaría su labor como filósofo naturalista, encarando problemas filogenéticos. Publicó una serie de monografías sobre la filogenia de los Proboscídeos (1902); el origen de los roedores y Polimastodontes (1903); sobre el carácter primitivo de los molares plexodontes de los mamíferos (1903); el desarrollo morfológico y filogenético de los molares superiores de los ungulados (1904); sobre la perforación astragaliana (1904-1905); sobre la carencia de valor como carácter primitivo de la faceta articular del astrágalo (1905); sobre el arco escapular de edentados y monotremas y el origen reptiloide de estos dos grupos de mamíferos (1908), revelando sólidos conocimientos y criterios para trabajar los distintos temas.

Otro aspecto de la fecunda labor de Ameghino, y como corolario de la labor paleontológica, son sus trabajos de estratigrafía. Desde el inicio de sus estudios paleontológicos, trató de ordenar la cronología de su "Formación Pampeana": primero un ensayo (1875), luego un libro (1880) y otro al corto tiempo (1880-81) fueron el resultado de sus primeros estudios. Coincidió con Bravard al asignar la "Formación Pampeana" al Terciario superior. En 1882, Doering propuso en el informe geológico adjunto al Informe Oficial de la Expedición al Río Negro un esquema estratigráfico que es aceptado por Ameghino, quien lo trascribe en su obra "Contribución al conocimiento de los mamíferos fósiles de la República Argentina" con el siguiente comentario: "Catorce horizontes geológicos, en vez de dos o tres que se admitía según el viejo sistema".

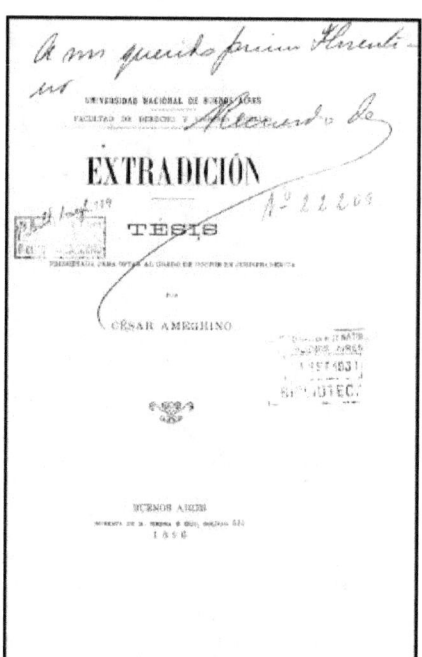

Portada de la tesis doctoral de César Ameghino
dedicada a su primo Florentino.

Con los datos que fue disponiendo posteriormente, modificó el esquema de Doering agregando nuevos "pisos" u "horizontes", llegando al número de veinte. Cada uno de ellos fue descrito sintéticamente.

Además de los fósiles de vertebrados aportados por Carlos Ameghino, se sumaban colecciones de invertebrados. Los moluscos fueron remitidos a su amigo el Hermann von Ihering (1850-1930) y otros grupos repartidos entre varios especialistas europeos. La coincidencia de opiniones con Ihering fue, en cuanto a la temática paleogeográfica, realmente sorprendente. Como respuesta a la controversia surgida acerca de las distintas observaciones efectuadas por extranjeros sobre la geología de la Patagonia, publicó *"L' Age des formations sédimentaires de Patagonie"* (1903) y luego su monumental *"Les Formations sédimentaires du crétacé supérieur et du tertiáire de Patagonie"* (1906). Terminó este trabajo con una sinopsis de los pisos de origen subaéreo, que en 1899 había sumaban veinte y ahora ampliaba a treinta y ocho.

El último trabajo importante de estratigrafía fue el referido a las barrancas costeras de Mar del Plata y "Chapalmalan" (1908), que dio como resultado la creación del "horizonte Chapalmalense" de la "Formación Araucana", al cual ubica entre el "piso Hermosense" y el comienzo de la Formación Pampeana.

Cuando en 1902 fue nombrado director del Museo Nacional de Buenos Aires, dividió al mismo en secciones, creando un taller de modelado, convocando luego a colaborar a todos los estudiosos, muchos de los cuales respondieron al llamado. Pero en ese vetusto edificio de la Manzana de las Luces no había como moverse. Ameghino gastó muchísimo tiempo en favor del nuevo local. Un día escribió:

> "Mi predecesor, el doctor Berg, pasó diez años insistiendo en la necesidad de instalar el Museo decorosamente sin obtener ningún resultado....y murió sin tener la satisfacción de ver por lo menos empezado el nuevo edificio. Por mi parte sigo el mismo camino, y de ir las cosas como van, también bajaré a la tumba sin ver principio de realización....cual sería la de ver decorosamente instalada la que debiera ser la primera institución científica del país."

Notas de Florentino Ameghino donde hace referencias a la evolución de su enfermedad.
Fueron escritas entre mayo de 1910 y marzo de 1911; muere en agosto de 1911.

El pensamiento de Ameghino sobre filosofía natural, –menos conocido en el mundo científico que sus doctrinas paleontológicas y antropológicas– estuvo contenido en tres artículos acerca de los "infinitos", publicados en La Pirámide de La Plata en 1899. Pero donde mejor se explicitan es en la conferencia pronunciada en la Sociedad Científica Argentina el 4 de agosto de 1906, titulada *Mi Credo*.

Enrique De Carles. La colección Botet

Enrique De Carles nació en 1861. Fue discípulo de Vilanova, naturalista y profesor del Colegio Nacional de Buenos Aires, y mostró verdadero entusiasmo por las tareas de exploración y recolección de restos fósiles. Inició sus labores preparando colecciones de minerales para las escuelas de la época. Muy joven aún, y por encargo del gobierno de Portugal, realizó una expedición geológica-minera a la región del Matto Groso, no explorada por entonces.

Luego se desempeño como profesor de Ciencias Naturales en el Colegio Inglés de Buenos Aires. Por cuenta propia, inició trabajos de recolección de fósiles en la provincia de Buenos Aires, recorriendo las barrancas del Río de La Plata, el Salado y sus afluentes, el Samborombón, el Luján, etc. Formó importantes colecciones que preparó él mismo. Tales exploraciones lo relacionaron con el director del Museo Público de Buenos Aires (que a partir de 1883 se denomina Museo Nacional), Hermann Burmeister, quien le ofreció el cargo de ayudante técnico de dicha institución. Fue enviado entonces al valle de Tarija, en Bolivia. Corría el año 1886 y De Carles trabajó en la zona desde agosto de ese año hasta julio de 1887, reuniendo -al decir de Ameghino- "..la más valiosa colección de fósiles de Tarija que hasta ahora se conozca.." Parte de los materiales colectados sirvieron de estudio a Burmeister, quien publicó notables trabajos sobre los caballos y mastodontes fósiles. Las observaciones geológicas, publicadas en 1888, determinaban la existencia de dos niveles con faunas distintas, datos que corrobora luego Florentino Ameghino.

Fragmento de una página del libro contable del Museo Nacional de Historia Natural donde figuran, entre otros, los sueldos de Enrique de Carles y Carlos Ameghino.

Las excavaciones del Puerto de Campana, al norte de la provincia de Buenos Aires, pusieron al descubierto numerosos restos de vertebrados fósiles que entusiasmaron al encargado de dichas obras y director de la empresa constructora: Rodrigo Botet y Compañía. Decidido a coleccionar dichas antigüedades, Botet, que disponía de una gran fortuna, contrató a De Carles. Este coleccionó numerosos restos a los que agregó gran parte de su colección particular. Botet ofreció dicha colección al alcalde de Valencia (España), su ciudad natal, y después de obtener el permiso del gobierno argentino, partió hacia allí en compañía de De Carles. Por encargo del gobierno de Valencia, permaneció en la ciudad durante casi un año desembalando y montando algunos esqueletos, a la vez que organizando el Museo Paleontológico Municipal, para volver luego a Buenos Aires. En el año 1964 se publicó un extenso catálogo de esta importante colección, que es la más representativa de los fósiles del Cuaternario de la Argentina en Europa.

De nuevo en la Argentina, se incorporó definitivamente al Museo, realizando exploraciones en Salta y Bolivia. Exploró luego una extensa y desierta área situada al sudeste de la provincia de Mendoza, conocida desde antiguo como Huayquerías de San Carlos, donde coleccionó fósiles y realizó observaciones geológicas que luego publicó. Visitó las barrancas de los ríos Paraná, Salado de Santa Fe, Dulce de Santiago del Estero y el Uruguay, desde Colón hasta más arriba de Concepción. Falleció en Buenos Aires el 17 de mayo de 1934.

Lucas Kraglievich en el Museo de Buenos Aires

Lucas Kraglievich (1886-1932) abandonó la carrera de ingeniería mecánica que tenía casi terminada para dedicarse a la paleontología. En 1912, seis meses después de la muerte de Florentino Ameghino, y en compañía del ingeniero Juan Carlos Ortúzar, realizó una expedición a Chubut y Santa Cruz, donde efectuó abundantes hallazgos paleontológicos. En 1916 ingresó en el Museo Nacional de Historia Natural de Buenos Aires (nombre que recibió el Museo Público a partir de 1911) para trabajar bajo la dirección de Carlos Ameghino. A los tres años se lo nombró ayudante técnico en paleontología, remplazando en varias ocasiones a Carlos Ameghino en la jefatura de la Sección Paleontológica.

Lucas Kraglievich, ca. 1930.

Como señalaron Tonni, Cione y Bond en su síntesis de 1999, Kraglievich es uno de los actores de un hecho mal conocido. Es común en el ambiente paleontológico argentino asumir que la actividad de Kraglievich y sus colegas en el Museo de Buenos Aires fue interrumpida por el golpe militar de 1930. Sin embargo ello no es del todo correcto. El zoólogo Martín Doello

71

Jurado (1884-1948) era el director del Museo de Buenos Aires desde 1923. En 1928 el gobierno de Hipólito Yrigoyen confirmó a Doello Jurado como director, cargo al que Kraglievich se consideraba con méritos suficientes como para desempeñarlo. Producido el golpe de 1930, Kraglievich y sus colaboradores hacen una presentación formal, con severos cargos contra Doello Jurado, ante el Ministro de Instrucción Pública y Justicia del dictador José Félix Uriburu. El ministro desecha los cargos y confirma a Doello Jurado, lo cual provoca la renuncia de Kraglievich, quien migra a Uruguay, donde sienta las bases de la paleontología de los vertebrados de este país. Enfermo, regresa para fallecer en Buenos Aires en 1932.

Sus estudios reciben rápidamente reconocimiento internacional, tanto es así que en 1923, parte de ellos son incluidos en el *Handbuch der Paläontologie* de Karl A. von Zittel.

Kraglievich creó 21 familias y subfamilias de vertebrados y 74 géneros de mamíferos y aves. Al igual que Florentino Ameghino, fue por sobre todo un investigador de gabinete y su trabajo de campo fue limitado si se lo compara al de Carlos Ameghino y Santiago Roth.

Alfredo Castellanos, Carlos Rusconi y Lorenzo J. Parodi

Alfredo Castellanos, Carlos Rusconi (1898-1969) y Lorenzo J. Parodi (1890-1969) dieron los primeros pasos en su carrera científica junto con Kraglievich. La mala relación con Martín Doello Jurado, director del Museo de Buenos Aires, no sólo determinó la radicación de Kraglievich en Uruguay, sino también la de Castellanos y Rusconi en el interior del país, donde crearon importantes centros paleontológicos. Parodi, por el contrario, y luego de un período en que se desempeñó en el Jardín Zoológico, se incorporó en 1937 a la Sección Paleontológica del Museo de La Plata como preparador. Parodi provenía de una familia en la que había varios aficionados a la paleontología: su padre Lorenzo fue colaborador de Carlos Ameghino cuando éste se desempeñaba como jefe de la Sección Paleontología en el Museo de Buenos Aires. Nadie -posiblemente en el mundo- llegó a superar el nivel de conocimientos empíricos respecto a la fauna pampeana al que había llegado Parodi. Estando en Buenos Aires hacía competencias con Kraglievich para ver quién reconocía un resto fósil más rápidamente. Una de esas competencias consistía en colocar las manos detrás del cuerpo e identificar un hueso al tacto. Contrastando con sus extraordinarios conocimientos empíricos, la producción científica de Parodi fue escasa.

Fragmentos de una carta remitida por Carlos Ameghino a Lorenzo Parodi.

Castellanos creó un centro de investigaciones sobre paleontología de vertebrados en el Instituto de Fisiografía de la Universidad del Litoral, en Rosario. Realizó importantes labores de campo en las provincias de Córdoba, Catamarca, Tucumán y Santa Fe, en las que descubrió nuevos yacimientos de vertebrados del Cenozoico. La producción de Castellanos está dedicada especialmente a los edentados acorazados -armadillos y gliptodontes-, a la estratigrafía y a la paleoantropología.

Carlos Rusconi.

73

Desde 1930, año en que se alejó del Museo Nacional en solidaridad con Lucas Kraglievich, Rusconi no volvió a tener contacto con esta institución ni con el Museo de La Plata. Creó la revista *Ameghinia*, y luego el *Boletín Paleontológico de Buenos Aires*. En el tomo X de las *Actas de la Academia Nacional de Ciencias*, impreso en 1937, publicó "Contribución al conocimiento de la geología de la ciudad de Buenos Aires y sus alrededores y referencia de su fauna", basado en un extenso trabajo de campo realizado entre 1918 y 1936 en las obras portuarias, en excavaciones para las líneas de subterráneos, de centrales eléctricas, de Obras Sanitarias de la Nación y de grandes edificios y la rectificación del Riachuelo. En 1937 se trasladó a Mendoza, donde fue nombrado director del Museo de Historia Natural "Juan Cornelio Moyano". A partir de entonces realizó una importante actividad científica en la que dio a conocer la existencia de faunas de vertebrados mesozoicos y cenozoicos de la provincia de Mendoza. Los hallazgos de vertebrados triásicos y jurásicos que efectuó en Mendoza hicieron que se haya dedicado principalmente al estudio de los peces, anfibios y reptiles terrestres y marinos que poblaron la región cuyana.

El Museo de La Plata

Hasta 1880, la capital de la provincia de Buenos Aires era la ciudad de Buenos Aires. Con la federalización de esta última, la provincia debió ceder su más importante área urbana e inauguró su propia capital en la ciudad de La Plata el 19 de noviembre de 1882.

En 1884, el gobernador Dardo Rocha se instaló en la flamante capital provincial. El 19 de setiembre de 1884, decretó el nombramiento de Francisco Jesué Pascasio Moreno (1852-1919) como director del Museo de La Plata. En ese mismo año comenzaron las obras para la construcción del edificio, tal como lo ordenaba el decreto fundacional del 17 de setiembre de 1884. Estas obras eran dirigidas personalmente por Moreno, quien había donado sus colecciones particulares para la fundación del Museo Antropológico y Arqueológico de Buenos Aires, el 17 de octubre de 1877. El 1º de octubre, Moreno solicitó el nombramiento del siguiente personal: inspector bibliotecario, Juan F. Bourse; oficial 1º preparador, Santiago Pozzi; escribiente, Albel Gómez; cazador ayudante, Alejandro Pauletti; ayudante de preparador, Sabino Domínguez; portero, Juan González; ayudante de servicio, Remigio Paz. El 13 de ese mes Moreno donó su biblioteca a la institución.

Santiago Pozzi.

74

El Museo se inauguró el 20 de julio de 1885, aunque la obra no estaba totalmente terminada, finalizándose en 1889.

El Museo de La Plata en una fotografía anterior a 1920.

En julio de 1886, Moreno incorporó a Florentino Ameghino como subdirector y secretario del Museo y a su hermano Carlos como naturalista viajero. Se inició así la colección sistemática de material paleontológico y su estudio, la que continuará incrementándose a lo largo de la historia de esta prestigiosa institución.

> La Plata, enero 17 de 1888.—Al exemo. Sr. ministro de obras públicas, Dr. D. Manuel B. Gonnet: Cuando á mediados de 1886 fuí nombrado secretario sub-director del museo de la provincia, acepté por repetidas instancias de su director el Dr. F. P. Moreno, quien con un cúmulo de promesas consiguió hacerme abandonar un empleo en el que gozaba de mayor sueldo, de más libertad y de mayores elementos de trabajo.
>
> Hoy puedo decir que he sufrido acá la más grande decepcion de mi vida... mi permanencia en el museo es ya inútil é incompatible con la de un director dominado por sentimientos de superflua ostentacion y alucinaciones de grandeza, que de continuar serán en nuestro país una rémora desastrosa á las investigaciones científicas de carácter sério y desprovistas de charlatanería.
>
> En vista de lo expuesto, tengo el honor de elevar á V. S. mi renuncia indeclinable del cargo de secretario-sub-director de museo; pero como

Fragmentos de la renuncia de Florentino Ameghino a su cargo en el Museo de La Plata.
Publicada por el diario *La Nación* en enero de 1888.

Dos años después, Florentino y Carlos se alejaron del Museo de La Plata por discrepancias con Moreno. Discrepancias generadas a raíz de que Carlos Ameghino prefirió seguir las directivas de su hermano referidas a la colección de vertebrados fósiles en las márgenes del río Santa Cruz y no las órdenes emanadas del director Moreno. Ese año, durante la expedición a la Patagonia, Carlos había hallado restos de dinosaurios, lo que llevó a que en marzo de 1889 se montara una nueva expedición para recuperarlos. Como relató el paleontólogo del Museo de La Plata, Pedro Bondesio (1920-2004), en este viaje se contaría con "...un barco de fondo chato de 12 toneladas para remontar el río Chubut y un carro adecuado al transporte de grandes pesos, construidos en los talleres del Museo. Una de las tareas primordiales que encomendó Moreno a sus empleados en las tareas de campo fue la exploración geográfica de la región limítrofe con Chile, a fin de reunir elementos para la discusión sobre los límites con el país vecino. Agregado a estas tareas se efectuaron numerosas colecciones de materiales de ciencias naturales, sobre todo aquellas de antropología y paleontología.

Al referirse a los museos, el fundador de la Universidad de La Plata, J. V. González, decía en el tomo II de la Biblioteca de Difusión Científica del Museo de La Plata, 1908:

> "Exploración y enseñanza, son las dos fases de la vida de un museo moderno: la primera para acumular la mayor riqueza de elementos ofrecidos por la naturaleza a la ciencia; la segunda para revelar al hombre los caracteres y condiciones de la vida en el medio en que le ha tocado tener su residencia".

En 1889, la Sección Paleontología del Museo de La Plata fue encargada al geólogo suizo Alcides Mercerat, quien realizó algunos estudios sobre mamíferos y aves fósiles, pero insustanciales en cuanto a su aporte al conocimiento. En 1892 Mercerat se retira.

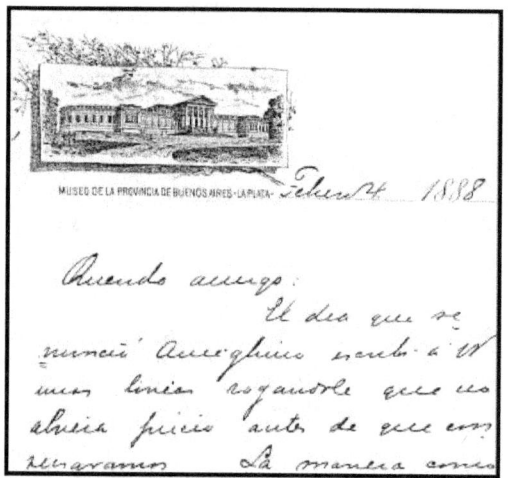

Fragmento de una carta dirigida por Francisco P. Moreno a Estanislao Zeballos con motivo de la renuncia de Ameghino.

Durante algunos meses de 1893 y 1894, el Museo recibió la visita del destacado paleontólogo inglés Richard Lydekker, a quien Moreno encomendó la tarea de estudiar la colección de vertebrados fósiles, incluyendo algunos ya descriptos por Florentino Ameghino. Probablemente, como señalara Bondesio, esta tarea encubría el propósito de demostrar "...la gran prudencia con que deben aceptar la validez de los géneros y de las especies que describen los escritores argentinos". A pesar de todo, y tal como sintetizan Tonni, Cione y Bond, los trabajos de Lydekker,

> "...poseen un innegable valor, especialmente en lo que hace a su iconografía, con ilustraciones ya clásicas de los notables esqueletos de los grandes mamíferos pampeanos, algunos de los cuales, bajo la dirección de Florentino y Carlos Ameghino, habían sido montados para exhibición pública en el Museo de La Plata".

En 1896 publicó *A Geographical History of Mammals,* una importante obra en la que utilizó buena parte de los conocimientos obtenidos durante su corta estadía en el Museo y que definiría los fundamentos de la biogeografía histórica, cuyas bases habían sido levantadas por Charles Darwin en su obra de 1859 (*On the origin of species ...*).

Francisco J. P. Moreno, en una fotografía de 1882.

En 1895, Moreno incorporó a Kaspar Jacob Roth (Santiago Roth) como naturalista viajero a cargo de la Sección Paleontología del Museo de La Plata. Roth, nacido en Herisan, Suiza en 1850, había llegado con su familia a la Argentina en 1866, instalándose en Baradero, en el noreste de la provincia de Buenos Aires. En 1871 se mudó a Pergamino donde, trabajando como talabartero, comenzó a reunir importantes colecciones de fósiles que vendió al exterior (Dinamarca y Suiza). Habiendo reunido suficiente dinero, realizó un viaje a Europa con el fin de afianzar sus conocimientos geológicos y paleontológicos, relacionándose con el profesor Karl Vogt de Ginebra, de quien recibió clases. De regreso, y aconsejado por el entonces director del Museo de Buenos Aires, Hermann Burmeister, se abocó al estudio de los sedimentos pleistocénicos de la región pampeana y a sus faunas fósiles, llegando a ser uno de sus más destacados conocedores, tal como lo reconociera el mismo Ameghino. En 1888 publicó su primer trabajo sobre *La Formación Pampeana y su origen* culminando sobre dicho tema con la obra *Investi-*

gaciones geológicas en la llanura pampeana de 1921. Entre 1890 y 1892, Roth recorrió las provincias de Corrientes y Entre Ríos y luego Río Negro y Neuquén. En este último viaje atravesó la Patagonia desde el Lago Nahuel Huapi hasta la desembocadura del río Chubut, realizando importantes observaciones geológicas.

Uno de los aportes más significativos de Roth a la paleontología de los vertebrados es la descripción de la región témporo-auditiva de un grupo de ungulados fósiles sudamericanos, para los que creó el Orden Notoungulata.

Hasta 1902 colaboró con la comisión de límites con Chile, situación que le permitió realizar importantes investigaciones paleontológicas en la Patagonia. Fue acompañado por los técnicos Santiago Pozzi, Fernando Eugui y Octavio Fernández, alternadamente. Como consecuencia de las disputas previas entre Ameghino y Moreno, esta situación generó un hecho particular. Para evitar que Ameghino conociera la exacta ubicación de los yacimientos paleontológicos que Roth iba reconociendo, los nombre de los yacimientos se indicaban en clave o, peor aun, se proporcionaban los datos de ubicación en forma inexacta. Como consecuencia de esto, en la actualidad, algunas de las localidades fosilíferas de la Patagonia visitadas y explotadas por Roth no han podido ser ubicadas con precisión.

Hacia 1907, el Museo de La Plata es incorporado a la Universidad Nacional del mismo nombre como Instituto Científico, integrado por cinco escuelas: Ciencias Biológicas, Antropológicas, Geológicas, Químicas y Geográficas. La nueva situación del Museo produce el alejamiento de su fundador, Moreno, quien fallecería en noviembre de 1919.

Santiago Roth en Punta Hermengo, Miramar (ca. 1920).

78

Florentino Ameghino se hizo cargo, por un período muy breve, de la Escuela de Ciencias Geológicas y Roth ocupó en la misma escuela el cargo de profesor de paleontología y de jefe de sección. Para esta época, las aguas estaban aquietadas y los contendientes nuevamente amigados.

En 1915, fue incorporado Eduardo Carette como profesor adjunto de paleontología. Su contribución a la paleontología de los vertebrados se centró en el estudio de los cérvidos actuales y extintos, sobre los que publicó unas pocas contribuciones.

En 1924 de produjo el fallecimiento de Roth. El entonces director, Luis María Torres, contrató a Lucas Kraglievich para catalogar las colecciones de vertebrados fósiles. La labor de Kraglievich en el Museo de La Plata fue breve. Sin embargo, su fugaz paso por la institución significó el ordenamiento de las colecciones de vertebrados fósiles, ya que por primera vez utilizó el ingreso ordenado de especimenes por numeración correlativa y en libros *ad hoc*, llegando a ingresar 10.000 piezas. Para esta labor contó con la colaboración del técnico Antonio Castro, que durante varios años más fue el único preparador de vertebrados fósiles en dicha institución. Kraglievich no aceptó el ofrecimiento del director del Museo para hacerse cargo del Departamento de Paleontología y regresó al Museo de Buenos Aires.

Casi coincidiendo con la labor de Kraglievich en el Museo de La Plata, el alemán Friedrich von Huene (1875-1969) fue convocado por Torres para estudiar los restos de dinosaurios que habían recuperado en territorio patagónico Carlos Ameghino y Santiago Roth. Huene realizó sus propias expediciones entre 1923 y 1924, concluyendo con la publicación de *Los Saurisquios y Ornitisquios del Cretáceo Argentino*, dada a conocer en los *Anales del Museo de La Plata* de 1929.

Friedrich von Huene.

En el Museo de La Plata, la actividad paleontológica fue mantenida por Santiago Roth hasta su muerte. Roth efectuó importantes trabajos de campo y varias publicaciones sobre ungulados, trabajando en estrecha conexión con Lucas Kraglievich. A la muerte de Roth y el rechazo de sucederlo por parte de Kraglievich, el director Torres contrata en 1925 al mastozoólogo español Ángel Cabrera.

Ángel Cabrera

El madrileño Ángel Cabrera (1879-1960) se dedicó desde muy joven a los estudios de la zoología de los mamíferos, publicando numerosos trabajos sobre la fauna europea, sudamericana y africana. Cuando se encontraba a cargo de la Sección Mamíferos del Museo de Ciencias Naturales de Madrid, en julio de 1925 el director del Museo de La Plata, Luis María Torres, lo contrató para asumir la jefatura del Departamento de Paleontología y como profesor de la materia. Transcurrido el período de su contrato, Cabrera ganó el concurso de profesor titular de Paleontología y de jefe del departamento homónimo.

Ángel Cabrera en su despacho del Museo de La Plata.

Cabrera impuso a los estudios paleontológicos un marcado sesgo biológico, con cierto detrimento de la temática geológica, particularmente la estratigráfica. Bajo su dirección realizaron sus tesis doctorales Dolores López Aranguren y Enriqueta Vinacci Thul, las dos primeras paleontólogas argentinas y sudamericanas.

Vislumbró la importancia del estudio de los vertebrados fósiles no mamíferos y realizó los primeros estudios sobre restos de tetrápodos del Triásico de Mendoza y La Rioja. Durante su actuación al frente del Departamento, se doctoraron con temas de tesis relacionados con los vertebrados Mathilde Dolgopol de Sáez y Andreina Bocchino. Preocupado por la modernización de aspectos técnico-científicos relacionados con el ordenamiento de las colecciones, abrió un doble registro sistemático, manteniendo el libro de inventario y un libro de de ingreso con todos los detalles de la procedencia. Se pusieron en exhibición importantes materiales.

Con Cabrera, los estudios paleontológicos en el Instituto del Museo (actualmente Facultad de Ciencias Naturales y Museo) adquirieron pleno estatus académico. A su muerte, el 7 de julio de 1960, fue publicada la lista de sus trabajos, que sumaban más de 250, entre libros y artículos de revistas y enciclopedias, publicados en numerosos países. En la especialidad de la Paleontología de Vertebrados sus contribuciones suman 41.

Acuarela de Ángel Cabrera que ilustra el aspecto en vida del caballo sudamericano extinto *Equus "curvidens"* (actualmente *Equus neogeus*).

Gioacchino Frenguelli

En 1934, el médico italiano Gioacchino Frenguelli (1883-1958; Joaquín Frenguelli en nuestro medio) se incorporó al Museo, donde se dedicaría de pleno a su vocación: la geología y la paleontología. Su primer cargo en la institución platense fue como bibliotecario y secretario, concluyendo como director en dos ocasiones: desde 1935 a 1946 y desde 1953 a 1955. Contrariamente a Cabrera, los estudios de Frenguelli tomaron un claro sesgo geológico y estratigráfico.

Gioacchino Frenguelli en su despacho de la dirección del Museo de La Plata.

Realizó numerosas campañas geológicas, en muchas de ellas acompañando a sus alumnos de tesis doctoral. De estas campañas surgieron las importantes colecciones de vertebrados fósiles, principalmente mamíferos, del Cenozoico tardío de la provincia de Buenos Aires, provenientes en su mayoría de los yacimientos de la costa atlántica. Frenguelli era un asiduo veraneante en Miramar y, a partir de esta localidad, realizaba sus incursiones en el área reuniendo una valiosa colección con muy buen control estratigráfico.

Un sector de la hoyada de Ischigualasto,
con los afloramientos de sedimentitas triásicas portadoras de vertebrados.

En 1943, Frenguelli decidió visitar la hoyada de Ischigualasto, en las provincias de San Juan y La Rioja, en búsqueda de plantas fósiles de las que tenía noticias a través de colecciones previas realizadas por otros geólogos. Pero no sólo obtuvo restos de vegetales, sino que recolectó los primeros ejemplares de tetrápodos sinápsidos que, estudiados por Ángel Cabrera, representan el paso inicial para el reconocimiento de uno de los más importantes yacimientos de vertebrados mesozoicos del mundo.

En su obra de 1950 "Rasgos generales de la morfología y geología de la provincia de Buenos Aires" estableció un esquema estratigráfico que, basado en el de Ameghino, lo actualiza y adecua a los marcos teóricos de la época. Cabe destacar que en trabajos previos, Frenguelli había desarrollado un esquema estratigráfico crítico con respecto al ameghiniano, lo cual había generado un profundo desacuerdo con los fundamentalistas defensores de las ideas de Florentino Ameghino.

Expediciones extranjeras

Pedro Bondesio, citando a Ángel Cabrera, señaló que todo país nuevo en busca de su independencia científica y del desarrollo de una ciencia nacional transcurre por cuatro etapas. Durante la primera etapa el país está cerrado a los científicos; en la segunda es visitado y explotado por académicos y expediciones científicas que se apropian del patrimonio fáctico y producen nuevos hechos científicos en el extranjero, beneficiando secundariamente al país de origen; en la tercera etapa se asiste a una preocupación genuina por el adelanto científico nacional y se procura atraer al investigador extranjero para favorecer el desarrollo científico; finalmente, en la cuarta y última etapa, el país desarrolla una ciencia autónoma y procura que los investigadores extranjeros sean especialistas en temas que no se cultivan o tienen escaso desarrollo en el país.

Justamente, como parte de esa segunda etapa, entre fines del siglo XIX y comienzos del XX, la Argentina recibió a expediciones extranjeras y científicos extranjeros. Entre las expediciones se destacan aquellas financiadas y organizadas por instituciones científicas de los Estados Unidos de América. Ya en la segunda mitad del siglo XX, las expediciones y el arribo de científicos extranjeros responde a los intereses esbozados en la tercera y cuarta etapa de desarrollo científico.

Se mencionan a continuación las más importantes expediciones paleovertebradológicas que visitaron la Argentina en el lapso indicado:

John B. Hatcher (www.yale.edu/).

Con la dirección científica del paleontólogo W. B. Scott y los trabajos de campo de J. B.Hatcher (Universidad de Princeton, USA), 1896-1899, publicado en 1903. Se estudiaron fundamentalmente los vertebrados, especialmente mamíferos y aves, del Mioceno de la Formación. Santa Cruz. Criterio moderno y sistemático de las contribuciones.

George G. Simpson en Patagonia (1933-1934, people.ucsc.edu/).

Edwin H. Colbert.

FREDERIC B. LOOMIS (Amherst College, USA) Chubut y Santa Cruz, 1911. Publicado en 1913-1914.

ELMER S. RIGGS, 1922-24 y 1926-27 al Terciario de la Patagonia, al Terciario superior del noroeste (valle de Santa María) y región pampeana (río Quequén Salado, entre otros). (Field Museum Natural History, Chicago).

GEORGE G. SIMPSON, del American Museum of Natural History (New York), expedición Scarritt a su cargo, 1930-31 y 1933-34 al Paleógeno de la Patagonia.

Cuando ya comenzaba el período actual de desarrollo de la paleontología de los vertebrados en la Argentina, se concreta la expedición de Alfred Sherwood Romer (Museum Compative Zoology, Harvard University) a los yacimientos triásicos. A fines de la década de 1950, cuando comenzaba el período actual de desarrollo de la paleontología de los vertebrados en la Argentina, el ya prestigioso paleontólogo de vertebrados Dr. Alfred S. Romer, realizaba un convenio con el Museo de Ciencias Naturales de Buenos Aires para la exploración conjunta de los yacimientos triásicos del oeste argentino. En esos años Romer, acompañado por el joven paleontólogo Edwin Colbert, visitó la Argentina para hacer un reconocimiento previo de varias localidades fosilíferas, entre ellas los yacimientos de Mendoza, en la Zona de Cacheuta-Potrerillos, e Ischigualasto. En 1958 Romer organizó la primera expedición científica a Ischigualasto en busca de fósiles vertebrados. Lo acompañaban su esposa y los técnicos Jim Jensen y Ernest Lewis. A su llegada a Ischigualasto se ponen en contacto con quien sería el vaqueano de la expedición, Don Martín Villafañe, oriundo de Balde del Rosario. El sitio escogido para acampar dentro de Ischigualasto fue a la entrada del cañón del Agua de la Peña.

IX

EL PERÍODO ACTUAL

Los comienzos

La fundación de la Asociación Paleontológica Argentina en 1955, puede considerarse como el hito demarcador del período actual en la paleontología de los vertebrados.

Los comienzos de este período se caracterizaron por dos aspectos fundamentales. En primer lugar, la notable actividad de los aficionados, que superaban en número y empuje (y vehemencia, generadora de no pocas estériles controversias) al incipiente grupo de paleontólogos con formación académica. En segundo lugar, es una etapa donde casi todo está por descubrirse. La acumulación de la información a través de las descripciones y la sistematización de las evidencias superaban en mucho a la generación de nuevas teorías. A propósito del predominio del aspecto descriptivo por sobre el teórico, decía Reig "...si una ciencia continúa creciendo sólo en superficie, terminará por paralizarse por carecer de ideas". Y terminaba parafraseando una frase que William James aplicaba como queja a la psicología de su época: "This is no science, it is only the hope of a science" (Esto no es ciencia, es solamente la esperanza de una ciencia).

Osvaldo A. Reig (1985).

Próxima a comenzar la década de 1950, en el Museo Argentino de Ciencias Naturales "Bernardino Rivadavia" se retiraría Alejandro Federico Bordas y comenzaban sus actividades Jorge Lucas Kraglievich, el hijo de Lucas, y Osvaldo Alfredo Reig (1929-1992).

En 1948, Reig se instaló en un centro del interior, el Museo de Ciencias Naturales y Tradicional de Mar del Plata, que sobre la base de la colección realizada por Lorenzo Scaglia y bajo la dirección de su hijo Galileo Juan Scaglia, se constituyó en "…lo fundamental del impulso que recibió nuestra disciplina en los últimos años", como bien señalara Reig en un artículo histórico.

Lorenzo Scaglia (a la izquierda) y Galileo Juan Scaglia en los acantilados
de Chapadmalal (ca. 1950).

La labor de Galileo, un extraordinario coleccionista y uno de los mejores preparadores con los que ha contado la paleontología de vertebrados, se centró en los yacimientos del Cenozoico tardío de la costa atlántica, entre Mar del Plata y Miramar, pero también incursionó en los de la Patagonia y, años después, se encontraba abocado a la colección y preparación de tetrápodos triásicos. En 1952 apareció la primera entrega de la "Revista del Museo Municipal de Ciencias Naturales y Tradicional de Mar del Plata", un ejemplar que reunía en sus 131 páginas el aporte de jóvenes paleovertebradólogos argentinos como Jorge Lucas Kraglievich, quien, siguiendo a su amigo Reig, se había instalado en el museo marplatense. Jorge Lucas dio a conocer aquí su trabajo preliminar (que lamentablemente se transformaría en definitivo) sobre el perfil geológico de Chapadmalal, un clásico para los estudiosos de la paleontología y estratigrafía de la zona. La revista recogió también el aporte de un investigador extranjero de reconocida trayectoria: Bryan Patterson. A comienzos de la década de 1970, la "Revista" deja lugar a una nueva publicación, que en entregas individuales publicaba investigaciones principalmente sobre los yacimientos cenozoicos de su área de influencia; allí dio a conocer en más de una oportunidad sus estudios el reconocido biólogo teórico y paleontólogo estadounidense George Gaylord Simpson (1902-1984).

Retornando al Museo Argentino, Noemí Violeta Cattoi (1911-1965), que desde fines de la década de 1930 estaba integrada a la entonces Sección Paleozoología (Vertebrados), se hizo cargo a comienzos de 1960 de la jefatura de la División Paleozoología (Vertebrados). Sus investigaciones ponen énfasis en los mamíferos cenozoicos (notoungulados mesoterinos, tapíridos), pero incursionó asimismo en la paleornitología de ese momento del tiempo geológico. Fue docente de paleontología de vertebrados en la Facultad de Ciencias Naturales y Museo de la Universidad Nacional de La Plata, cargo al que renunció para incorporarse a la carrera del investigador del CONICET, siendo la primera mujer paleontóloga integrada a ese organismo.

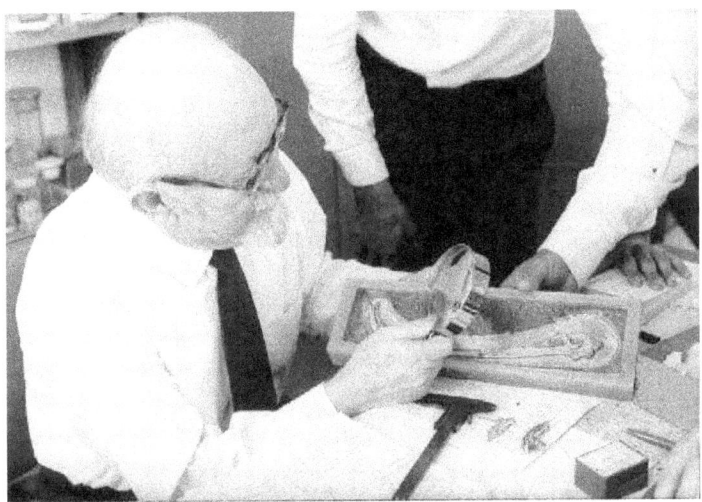

George Gaylord Simpson observando un ejemplar del pterosaurio *Pterodaustro* en el Museo de Mar del Plata (1981).

También concurría a la División Paleozoología del Museo Argentino, Guillermo del Corro, quien, producido el fallecimiento de Cattoi, se hizo cargo de esa División. Había realizado aportes sobre anuros cretácicos de Salta, pero su labor se centró fundamentalmente en tareas de investigación histórica sobre la geología en la Argentina o sobre el aporte a la biogeografía de la entonces reciente teoría de la tectónica global; publicó también un trabajo de investigación sobre marsupiales microbioterios del Paleógeno de la Patagonia. Del Corro falleció en 1978.

En el Museo de La Plata, el retiro de Ángel Cabrera (1879-1960) en febrero de 1947 generó un prolongado interregno en la actividad paleovertebradológica, el cual se rompería en 1957 cuando Rosendo Pascual se hizo cargo interinamente de la cátedra de Paleontología y de la División Paleontología Vertebrados. Desde entonces y hasta la actualidad esa institución muestra un progreso continuo en la actividad, merced a la capacidad de Pascual no sólo como organizador, sino fundamentalmente a través de su actitud positiva para captar vocaciones y brindarles un ambiente de total libertad intelectual. Ello generó el surgimiento de un notable y diversificado grupo de especialistas que abrieron nuevos campos de investigación más allá del tradicional paleomastozoológico.

Acompañó a Pascual en la División Paleontología Vertebrados en esos primeros años, Lorenzo J. Parodi, heredero de la tradición ameghiniana que continuó Lucas Kraglievich en el Museo de Buenos Aires hasta la diáspora de 1930. Pero el Museo de La Plata no es sólo un museo, es parte de la Facultad de Ciencias Naturales de la Universidad Nacional de La Plata. Pascual y un pequeño grupo de entusiastas –incluyendo docentes y aficionados como potenciales alumnos– vieron maduro el momento para crear una licenciatura en paleontología de vertebrados. Corría el año 1959.

Rosendo Pascual (en primer plano) y Oscar Odreman Rivas sobre la balsa
que cruzaba el río Negro a la altura de la localidad de Conesa (campaña a Patagonia, 1967).

Acompañaron como docentes en ese grupo fundacional Andreina Bocchino (1915-2001), paleontóloga discípula de Cabrera, y Pedro Bondesio (1920-2004), otro geólogo con vocación paleomastozoológica. Fueron los primeros alumnos Juan Arnaldo Pisano († 1967), un profesor de biología oriundo de Mercedes (provincia de Buenos Aires); otro mercedino, Jorge Zetti († 1974); un patagónico, Rodolfo Magin Casamiquela; dos extranjeros, el venezolano Oscar Odreman Rivas y el boliviano Enrique Jesús Ortega Hinojosa († 1968); y sólo un local, la platense Dolores Gondar. En 1968 culminan su carrera como licenciados en Paleontología (vertebrados) el mencionado Oscar Odreman Rivas, Hebe Elisa Herrera, Hilda Delupi y Juan José Bianchini. En 1963 comienza sus estudios Eduardo Pedro Tonni y, antes de finalizar la década, María Guiomar Vucetich y Zulma Nélida Brandoni de Gasparini. Este grupo inicial en poco tiempo daría lugar al desarrollo y profundización de la tradicional temática paleomastozoológica y al surgimiento de nuevas líneas de investigación (icnología, paleoherpetología, paleornitología, paleoictiología, por citar algunas). El contraste de ese activo y numeroso grupo con el siempre pequeño núcleo del Museo Argentino, es notable. Sin dudas que a ello contribuyó el hecho de que el Museo de La Plata forma parte de una unidad académica universitaria, motivo por el cual siempre está disponible el recurso humano.

Otro hito significativo a fines de la década de 1950 fue la creación del Laboratorio de Vertebrados Fósiles del Instituto Miguel Lillo en Tucumán, especialmente en lo que se refiere a los inicios de los modernos estudios paleoherpetológicos. Ese fue el destino de Osvaldo Reig luego de su paso por el Museo de Buenos Aires.

De izquierda a derecha, Enrique J. Ortega Hinojosa, Juan A. Pisano y Juan Montesano
(uno de los socios fundadores de la Asociación Paleontológica Argentina)
en Mar del Plata durante un acto de homenaje a Florentino Ameghino (1958).

Lorenzo J. Parodi (a la izquierda)
durante la extracción de un caparazón de gliptodonte (ca. 1960).

Un ajustadísimo resumen de su vida es el logrado por Alberto Juan Solari en una carta de lectores a dirigida a "Ciencia Hoy" (vol. 10, N° 55; 2000) con motivo del décimo aniversario de su fallecimiento: " [Reig fue] probablemente el biólogo evolucionista argentino más importante del siglo que termina. … Su dedicación a la evolución, la genética evolutiva y la paleontología, en una sociedad cerrilmente oscurantista y clientelista, defendiendo principios democráticos y de equidad social, resultó desde el inicio una empresa quijotesca. Fue perseguido, dejado cesante, calumniado y silenciado durante más de treinta años, mientras realizaba aportes fundacionales a la paleobiología de tetrápodos, a la evolución de los roedores y a la evolución cromosómica y enzimática de varios taxones. Exiliado en Venezuela y Chile, investigador visitante en los EE.UU., se autodenominó 'científico itinerante'" Regresó a la Argentina en la década de 1980, siendo designado profesor titular de evolución en la Universidad de Buenos Aires. Tuvo tiempo aún para impulsar la constitución de una sociedad científica para el estudio de los mamíferos, la SAREM.

De izquierda a derecha, Lorenzo J. Parodi, un baqueano, Pedro Bondesio y Rodolfo M. Casamiquela durante una campaña en Patagonia (ca. 1960).

En 1959, José Fernando Bonaparte se incorporaba a la Universidad Nacional de Tucumán. En el recientemente creado Laboratorio de Vertebrados Fósiles, junto a Reig y Galileo Scaglia, constituyeron el grupo fundacional. Bonaparte, acompañado principalmente por Scaglia y Martín Vince como técnicos preparadores, fue el promotor y organizador de las fructíferas expediciones a San Juan y La Rioja que en poco tiempo lograron reunir las colecciones de tetrápodos triásicos más importantes del Hemisferio Sur. Los estudios de Bonaparte sobre estos vertebrados abrieron el camino a una nueva y promisoria línea de investigación que cobraba así impulso definitivo, después del inicial dado en 1958 a través de la expedición conjunta entre el museo de Buenos Aires y la Universidad de Harvard, dirigida por Alfred Sherwood Romer (1894-1973). Ciertamente, esa expedición seguía los pasos de Frenguelli, quien más de una década atrás había puesto de relieve la importancia de esos yacimientos.

Otro integrante de la familia Parodi, Rodolfo Parodi Bustos (1903 - 2004) ingresó hacia fines de la década de 1950 al museo y Facultad de Ciencias Naturales de Salta, donde se dedicó a la enseñanza y a la investigación paleontológica. Realizó, entre otras, contribuciones al conocimiento de los mastodontes, publicando en 1962 una titulada: "Los mastodontes sudamericanos y su clasificación". El Museo Regional de Ciencias Naturales de General Mosconi, Salta, creado en 1993, lleva su nombre.

Alfred S. Romer (ca. 1965).

Otros dos centros del interior, el Museo de Mendoza y el Instituto de Fisiografía de Rosario, ya se encontraban a comienzos de 1960 en una etapa de declinación que no pudo ser revertida en los años subsiguientes.

Los Parodi. De derecha a izquierda, Rodolfo, Lorenzo Julio y un sobrino, Rogelio Oscar (en los acantilados de Miramar, Buenos Aires, 1964).

91

La consolidación

En el Laboratorio de Paleontología Vertebrados del Departamento de Ciencias Geológicas de la Facultad de Ciencias Exactas y Naturales de la Universidad de Buenos Aires, Ana María Báez es el núcleo de un grupo de jóvenes especialistas en paleoherpetología. Báez concluyó su tesis doctoral sobre anuros pípidos del Cretácico superior de Salta en 1975, bajo la dirección de Rosendo Pascual. A partir de la designación de Reig como profesor en la Facultad de Ciencias Exactas y Naturales, Báez lo acompañó desarrollando una significativa tarea en docencia e investigación. Realizó perfeccionamientos en el exterior y publicó con reconocidos investigadores, destacándose sus trabajos sobre herpetofaunas del Cretácico tardío y del Cenozoico de América del Sur y del Norte. Sus aportes a la filogenia de los más antiguos anuros del Jurásico de la Patagonia han recibido asimismo reconocimiento internacional.

Báez continuó con la formación de biólogos en el campo de los anuros actuales y fósiles y es uno de sus discípulos, Claudia Marsicano, quien se especializará en una nueva área: los tetrápodos e icnitas del Triásico.

El Museo Argentino de Ciencias Naturales

En el Museo Argentino de Ciencias Naturales "Bernardino Rivadavia" se encontraba José Fernando Bonaparte que, en años anteriores y a través de su actividad en el Laboratorio de Vertebrados Fósiles de Tucumán, dio impulso definitivo a los estudios sobre tetrápodos del Triásico, especialmente terápsidos cinodontes y diápsidos basales. Su etapa en el museo de Buenos Aires lo configura como el constructor del conocimien-

Jorge Calvo (a la izquierda) y José F. Bonaparte,
en una imagen reciente (www.proyectodino.com.ar).

to sobre los dinosaurios argentinos y sudamericanos, merced a una intensa doble tarea: en el campo y en el laboratorio. Fue promediando la década de 1970 cuando la publicación de un trabajo sobre el origen los dinosaurios ornitisquios parece marcar ese rumbo que, si bien luego se diversificó hacia otros temas, lo convirtieron en uno de los referentes internacionales sobre la temática dinosauriana. En las provincias patagónicas realizó extensas campañas. Cabe mencionar entre las más significativas por la cantidad de material coleccionado a aquella al Jurásico medio de Cerro Cóndor (Chubut), donde reunió una de las colecciones de tetrápodos mesozoicos más importantes de esa antigüedad para América. Campañas de resultados similares fueron las realizadas al Cretácico inferior de La Amarga (Neuquén) y al Cretácico superior de Arroyo Verde (Río Negro). De la primera proceden el curioso saurópodo *Amargasaurus cazaui* y el mamífero gondwánico *Vincelestes neuquenianus*, entre otros; de la segunda, donde trabajó por más de ocho años, reunió una extensa colección de restos de mamíferos gondwánicos y vertebrados diversos (peces, anuros, quelonios, el dinosaurio hadrosaúrido *Kritosaurus australis*). Significativos hallazgos fueron asimismo los del Cretácico superior de los terrenos de la Universidad Nacional del Comahue (Neuquén), de donde procede el ave *Patagopteryx* y el pequeño abelisaúrido *Velocisaurus unicus*. Actualmente Bonaparte continúa en actividad aunque desvinculado del Museo Argentino.

Su discípulo, Fernando Novas, luego de defender su tesis doctoral en la década de 1980, continúa trabajando especialmente en dinosaurios terópodos, siendo muy significativos sus aportes al conocimiento de los maniraptores. Su interés se ha diversificado asimismo hacia otros reptiles como los cocodrilos, esfenodontes y dinosaurios ornitisquios.

Miguel Fernando Soria (h) (1952-1990), egresado de la Facultad de Ciencias Exactas y Naturales de la Universidad de Buenos Aires, desarrolló una intensa labor a lo largo de diez años en el Museo Argentino, labor que se centró principalmente en el estudio de la diversidad y la evolución de los ungulados fósiles sudamericanos. Sus trabajos se caracterizan por trascender la descripción de nuevos taxones, internándose en el desarrollo de hipótesis filogenéticas tan novedosas como provocativas.

Otro egresado de esa Facultad es Alejandro Kramarz, asimismo abocado al estudio de los mamíferos fósiles. Su tesis doctoral fue sobre roedores caviomorfos del Neógeno temprano y actualmente trabaja sobre ungulados nativos (astrapoterios) del Paleógeno y Neógeno temprano.

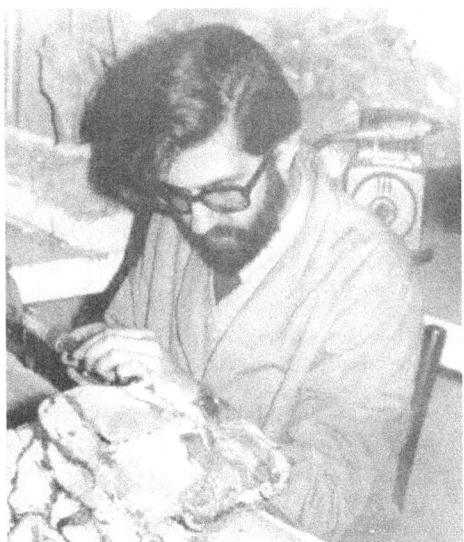

Miguel F. Soria (h) (1988).

Luis Chiappe y Guillermo Rougier también comenzaron sus primeras investigaciones paleo-vertebradológicas en el Museo Argentino. Ambos se encuentran actualmente desarrollando una exitosa carrera en el exterior, abocados al estudio de grupos relacionados con el origen de las aves (Chiappe) y a los mamíferos mesozoicos (Rougier).

En la división Paleoicnología del Museo Argentino, José Herminio Laza (con una extensa trayectoria previa en el Museo de La Plata) y Mirta González estudian –entre otros– icnofósiles vinculados a la actividad de los mamíferos.

EL MUSEO DE LA PLATA

En el Museo de La Plata, Rosendo Pascual ejerce la jefatura de la División Paleontología Vertebrados desde 1957. Entre varios, hay un rasgo que caracteriza a la actividad científica en esa División: la diversidad en líneas temáticas. Esa diversidad es el producto de la libertad intelectual que imprimió Pascual al frente de la jefatura durante este prolongado lapso, logrando de esta manera romper --como él mismo señaló-- con "...la longeva tradición del estudio de los mamíferos pampeanos.". Pascual se dedicó casi exclusivamente al estudio de los mamíferos del Terciario, especialmente de la Patagonia y, más recientemente, a los del Mesozoico. Su contribución al ordenamiento biocronológico del Cenozoico continental sudamericano es asimismo sumamente significativa; en 2005 se cumplen 40 años de su obra sobre las edades del Cenozoico mamalífero

Rosendo Pascual en Patagonia (2004).

de la Argentina, realizada con un grupo de sus alumnos. Sus extensas jornadas de campaña lo llevaron a impactantes descubrimientos, tal el caso del mamífero de abolengo gondwánico *Sudamerica ameghinoi*, del Paleoceno de la Patagonia, y del monotrema *Monotrematum sudamericanum*, el primer ornitorrinco hallado fuera de Oceanía, también del Paleoceno de la Patagonia. Actualmente investiga activamente sobre el recambio de mamíferos del Cretácico al Terciario y sobre el posible origen vicariante de la tribosfenia en Gondwana.

Juan Carlos Quiroga (1951-1988) le proporcionó una identidad nunca antes alcanzada a la paleoneurología. Quiroga era médico, aunque nunca ejerció la profesión; desde un comienzo los estudios neurológicos, histológicos y morfológicos lo atraparon y decidieron su vocación por la investigación científica. Su tesis doctoral sobre el origen del cerebro de los mamíferos, presentada en la Facultad de Ciencias Médicas de la Universidad Nacional de La Plata, constituye un avance singular en el conocimiento del origen del modelo cerebral mamaliano. Ingresado a la carrera del investigador del CONICET, realizó una intensa labor, altamente creativa y original. Sus investigaciones se centraron en la paleoneurología de marsupiales y ungulados nativos (litopternos) y en la paleoneurología evolutiva de la transición terápsido-mamífero. Su trabajo póstumo sobre la cuantificación de la corteza cerebral en moldes endocraneanos de mamíferos es una muestra excelente de su constante búsqueda de novedosos y pertinentes procedimientos de investigación. Fue asimismo un excelente dibujante y fotógrafo, actividad esta última en la que pudo demostrar tanto su sensibilidad artística a través de exposiciones, como su faz técnica específica, con el desarrollo de métodos en macro y estereofotografía aplicados a la paleontología. La búsqueda de nuevos materiales de estudio lo llevó a montar prolongadas campañas a la Patagonia y a la región pampeana, convirtiéndose rápidamente en un notable conocedor de la problemática estratigráfica de ambas regiones; tanto es así que llegó a incursionar en la estratigrafía teórica, especialmente en aquella del Cenozoico superior continental. Días antes de su fallecimiento, cuando la enfermedad que lo aquejaba había recrudecido, presidió las V Jornadas Argentinas de Paleontología de Vertebrados donde, además, presentó dos comunicaciones sobre paleoneurología de mamíferos proterotéridos. El árido campo de la investigación paleoneurológica quedó definitivamente establecido, ya que actualmente continúa a través de su discípulo, Teresa Dozo.

Juan Carlos Quiroga (1985).

A fines de la década de 1960, Tonni comenzó sus investigaciones sobre aves del Cenozoico de la Argentina, tema que desarrolló casi excluyentemente hasta la década de 1980 y sobre el cual dirigió tesis doctorales, aportando discípulos que continúan con las investigaciones paleornitológicas. Actualmente trabaja fundamentalmente sobre bioestratigrafía del Cenozoico superior continental argentino y sudamericano, así como sobre aspectos climáticos del Pleistoceno y Holoceno y su relación con la biogeografía de distintos grupos de mamíferos y aves.

Juan C. Quiroga, José F. Bonaparte y Teresa Dozo en viaje hacia Patagonia (1985).

María Guiomar Vucetich, al decir de Pascual "...una paleontóloga de extracción arqueológica … que muy buenamente podríamos calificar como triunfo sobre los arqueólogos, que no cedían en su empeño de retenerla", es una reconocida especialista en roedores caviomorfos. Sus aportes al conocimiento de la filogenia de estos mamíferos, así como a las implicaciones climáticas, biogeográficas y bioestratigráficas derivadas se su estudio, fueron y son relevantes. Su primer discípulo, Diego Héctor Verzi, continúa con gran solvencia en una línea similar de investigación. Otro de sus discípulos, Carolina Vieytes, estudia la microestructura del esmalte de los roedores caviomorfos, incluyendo fósiles y vivientes.

A comienzos de la década de 1970, Zulma Nélida Brandoni de Gasparini estudió un cocodrilo marino fósil de Mendoza, con lo que dio comienzo una línea de investigación que perdura hasta el presente, con el apoyo financiero de instituciones nacionales e internacionales. En la actualidad, encabeza un equipo interdisciplinario de investigadores y técnicos, que reúne a paleontólogos, sedimentólogos y geoquímicos. La búsqueda sistemática durante más de tres décadas le ha permitido reunir la colección de reptiles marinos titonianos más importante del mundo y los restos más completos de los últimos mosasaurios y plesiosaurios que habitaron los mares del hemisferio sur. A comienzos de la década de 1990, coleccionó en sedimentos correspondientes a la base del Jurásico medio de Neuquén, los restos de un ictiosaurio que, estudiado por su discípula Marta Fernández, es denominado *Stenopterygius cayi*. Este ictiosaurio es el único conocido de esa antigüedad, característica que comparte con *Maresaurus coccai*, un pliosaurio descubierto y descrito por Gasparini en 1997.

Maria G. Vucetich y Richard Madden en Patagonia (2006).

También a comienzos de la década de 1970, Gustavo J. Scillato Yané centraba sus estudios en los xenartros fósiles, un grupo extensamente representado en el Cenozoico de América del Sur, pero que desde los aportes de Ameghino y posteriormente de Kraglievich, había recibido poca atención. Sus investigaciones pronto adquirieron relevancia y reconocimiento internacional, siendo aceptados sus nuevos arreglos sistemáticos que incluyen, entre otros, la jerarquía de Superorden para Xenarthra y el reconocimiento de los Pleiodonta como Orden. Estos primeros estudios incluyeron también el de los más antiguos xenartros, unos dasipódidos del Paleoceno medio-tardío de Brasil. A partir de sus estudios sobre la sistemática del grupo, Scillato enriquecería sus trabajos con información paleoclimática, paleoambiental, paleoecológica y paleobiológica. La exhaustiva revisión y descripción de nuevos taxones le permitió sentar las bases para la utilización bioestratigráfica de los xenartros, que siendo tan frecuentes en los yacimientos paleontológicos, especialmente de la región pampeana, eran poco utilizables bioestratigráficamente dado su desactualizado estado sistemático.

Desde fines de la década de 1970, Alberto Luis Cione dio un impulso decisivo a los estudios paleoictiológicos, interesándose no sólo en los aspectos sistemáticos sino también en los filogenéticos, climáticos y bioestratigráficos; su principal proyecto de investigación actual se refiere a la evolución de la ictiofauna de Sudamérica austral desde el Jurásico. A principios de la década de 1990, comenzó a desarrollar –en conjunto con Tonni– un esquema cronológico para el Cenozoico superior continental del extremo sur de América del Sur con fuerte base bioestratigráfica.

Zulma N. Brandoni de Gasparini, en el centro (2007).

Alberto L. Cione (a la izquierda) y Eduardo P. Tonni en la Antártida (1977).

En 1988, Marcelo Saúl de la Fuente defendió su tesis doctoral sobre las tortugas del Cenozoico argentino. Continúa en la actualidad con el estudio de estos reptiles, incluyendo a los del Mesozoico. En San Rafael (Mendoza), donde actualmente se encuentra, organizó el departamento de paleontología del Museo de Historia Natural. De la Fuente dirigió una tesis doctoral sobre tortugas y cocodrilos del Paleoceno de Patagonia.

Claudia Patricia Tambussi defendió en 1989 su tesis doctoral sobre aves del Cenozoico tardío, línea de investigación que continúa actualmente y que amplió al Paleógeno y Mesozoico tardío; participa de la formación de recursos humanos, habiendo concluido la dirección de la tesis doctoral de Carolina Irene Acosta Hospitaleche sobre esfenisciformes del Terciario de Patagonia.

Marcelo S. de la Fuente (2006).

En 1990, Sergio Fabián Vizcaíno hizo lo propio con una tesis doctoral sobre sistemática y evolución de los xenartros dasipodinos. Inmediatamente, a través de su vinculación con el uruguayo Richard Fariña Tosar, Vizcaíno dirigió sus investigaciones hacia la paleobiología de los mamíferos de estirpe sudamericana, basándose en estudios morfofuncionales y biomecánicos. De tal forma, a través de su labor, se inició en la Argentina, en forma sistemática, esta línea de investigación, la cual se afianza a través de la formación de becarios y de la primera tesis doctoral sobre el tema, la de María Susana Bargo en 2001

En 1991, Francisco Javier Goin defendió su tesis doctoral sobre los marsupiales didelfoideos del Cenozoico tardío de la región Pampeana; los marsupiales fósiles en general es el tema sobre el que continúa investigando y dirigiendo en la actualidad.

Adriana Magdalena Candela y Cecilia Marcela Dechamps han defendido sendas tesis doctorales sobre roedores eretizóntidos, la primera y sobre mamíferos cenozoicos, con énfasis en los aspectos bioestratigráficos y ambientales, la segunda.

Mariano Bond desarrolla sus investigaciones sobre ungulados nativos, con especial énfasis en los del Paleógeno, aunque recientemente incursiona en el estudio de los representantes más modernos, incluyendo aquéllos cuaternarios.

Una línea similar de investigación es la seguida por Marcelo Reguero, quien asimismo realiza estudios sobre mamíferos del Paleógeno del continente antártico, lugar éste de donde ha reunido una magnífica colección (especialmente aves y mamíferos) a través de continuas tareas de campaña.

Alfredo Armando Carlini trabaja sobre xenartros sudamericanos, tanto desde el punto de vista sistemático como de su importancia para la interpretación paleoambiental y la bioestratigrafía. Contribuyó con significativos aportes al conocimiento de los xenartros del Mioceno de Colombia y Venezuela.

EL INTERIOR

En Corrientes, en la Facultad de Ciencias Exactas y Naturales y Agrimensura de la Universidad Nacional del Nordeste, Blanca Beatriz Álvarez trabajó sobre mamíferos cuaternarios durante la década de 1970. Actualmente, estas investigaciones han sido retomadas por Alfredo Zurita y un pequeño grupo de alumnos.

En el Centro de Investigaciones Científicas y Transferencia Tecnológica de Diamante, Entre Ríos, se encuentra Jorge Ignacio Noriega, quien, luego de defender en La Plata su tesis doctoral sobre aves del Mioceno, continúa con la investigación paleornitológica en este centro, involucrándose asimismo con el estudio de mamíferos neógenos de la Mesopotamia.

Jorge I. Noriega (2000).

En la Facultad de Ciencias Naturales e Instituto Miguel Lillo de la Universidad Nacional de Tucumán, Jaime Eduardo Powell comenzó trabajando sobre dinosaurios. A Powell se deben uno de los primeros estudios sobre huevos de dinosaurios en la Argentina. En años recientes amplió su interés a los mamíferos cuaternarios, especialmente en cuanto indicadores paleoambientales. El Instituto Superior de Correlación Geológica (INSUGEO) de la Facultad de Ciencias Naturales e Instituto Miguel Lillo es lugar de trabajo de Norma Nasif, Graciela Esteban y Pablo Ortiz, que investigan principalmente sobre mamíferos cenozoicos.

En el Centro Regional de Investigaciones Científicas y Tecnológicas (CRICyT) de la ciudad de Mendoza, la investigadora española Esperanza Cerdeño, radicada en la Argentina, trabaja activamente con mamíferos del Cenozoico de la región cuyana. En la misma institución, Bernardo González Riga, discípulo de Bonaparte, se especializa en dinosaurios saurópodos. En el Museo de San Rafael se encuentra desde 2003, Marcelo de la Fuente.

En el Instituto y Museo de Ciencias Naturales de la Universidad Nacional de San Juan, Oscar Alcober y Ricardo Martínez, realizan estudios sobre tetrápodos mesozoicos, especialmente del Triásico, incluyendo aspectos tafonómicos.

En Universidad Nacional de San Luis, Andrea Arcucci continúa con sus estudios sobre tetrápodos del Triásico —entre ellos, los más antiguos tetanuros— y dinosaurios del Cretácico temprano.

En la provincia de Córdoba, Adán Tauber, doctorado en la Universidad Nacional de Córdoba, se ocupa del estudio de los mamíferos cuaternarios de la provincia.

El Museo de Historia Natural de San Rafael, Mendoza (2007)

En la Universidad Nacional del Centro de la provincia de Buenos Aires, sede Olavarría, otro egresado de La Plata, José Luis Prado, trabaja sobre équidos y proboscídeos gonfotéridos. Con el arqueólogo Gustavo Gabriel Politis dirigen el programa de Investigaciones Arqueológicas y Paleontológicas del Cuaternario Pampeano (INCUAPA), que incluye estudios sobre paleobiogeografía y paleoecología de vertebrados cuaternarios.

En la Universidad Nacional de Mar del Plata, una discípula de Gasparini, Adriana Albino, trabaja y dirige tesis doctorales sobre ofidios y lagartos, especialmente cenozoicos. En la misma unidad académica trabaja principalmente sobre roedores cenozoicos, Carlos Quintana.

Teresa Manera de Bianco y Silvia Aramayo, del Departamento de Paleontología y Geología de la Universidad Nacional del Sur de la provincia de Buenos Aires y Museo de Ciencias Naturales "C. Darwin" de Punta Alta, han dado un nuevo impulso al estudio de las icnitas de mamíferos cuaternarios, como consecuencia de un extraordinario yacimiento descubierto en Pehuen-Co.

Gustavo G. Politis (atrás) junto a Rogelio O. Parodi
en el río Quequén Grande, Lobería, Buenos Aires (1980).

Teresa Manera de Bianco en el yacimiento de icnitas de Pehuen-Co (2002).

En la Universidad Nacional de La Pampa, Claudia Montalvo investiga sobre mamíferos neógenos y aspectos tafonómicos de los yacimientos.

El Museo Paleontológico "Egidio Feruglio" de Trelew, Chubut.

En el Museo Egidio Feruglio de Trelew se desempeñó durante varios años Edgardo Ortiz Jaureguizar, quien continúa estudios sobre mamíferos del Terciario y Cuaternario, ahora en el Museo de La Plata. En el CENPAT de Puerto Madryn, se encuentra el notable e incansable Rodolfo M. Casamiquela, que si bien hace tiempo que ha volcado sus esfuerzos a temas etnológicos y paleoetnológicos, ha incursionado recientemente en el estudio de los mamíferos cuaternarios. En el mismo lugar desarrollan sus actividades la ya mencionada Teresa Dozo (paleoneurología, mamíferos cenozoicos), y Ulyses Francisco José Pardiñas (micromamíferos cuaternarios, especialmente cricétidos).

Leonardo Salgado (2006).

En el Centro Paleontológico Lago Barreales, Universidad Nacional del Comahue, Neuquén, Jorge Calvo desarrolla investigaciones sobre reptiles fósiles continentales en general, mientras que en la Universidad Nacional del Comahue, Neuquén, Leonardo Salgado y jóvenes tesistas egresados de la Universidad Nacional de La Plata, trabajan activamente en dinosaurios saurópodos, incluyendo los recientes hallazgos sobre nidadas de estos y otros reptiles.

En el Museo Carmen Funes de Plaza Huincul, Neuquén, Rodolfo Coria realiza sus investigaciones sobre dinosaurios, especialmente del Cretácico de la Cuenca Neuquina; sus contribuciones involucran aspectos sistemáticos, filogenéticos y paleobiológicos.

Recientemente se incorporaron al museo dos tesistas que investigan distintos aspectos de la evolución de los dinosaurios carnívoros. La labor de Coria, al igual que la de Calvo y Salgado, permitió construir el conocimiento que en la actualidad se posee sobre una buena parte de estos reptiles y su evolución en el extremo sur de América del Sur.

Rodolfo Coria en la Antártida (2007).

El Museo Municipal "Carmen Funes" de Plaza Huincul, Neuquén.

BIBLIOGRAFÍA SUMARIA

AMEGHINO, F., 1917. *Doctrinas y descubrimientos*. La Cultura Argentina, Buenos Aires.

BABIN, C., 1992. La enseñanza de la paleontología en Europa, de ayer a mañana. *Actas VI Jornadas de Paleontología, Soc. Española de Paleontología*, pp. 7-18.

BABINI, J., 1986. *Historia de la ciencia en la Argentina*. Ediciones Solar, Buenos Aires.

BORDAS, A. Y CATTOI, N., 1946. *Archivos del suelo argentino*. Colección Nadir, Buenos Aires.

BONDESIO, P., 1977. Cien años de paleontología en el Museo de La Plata. *Obra del Centenario del Museo de La Plata*, tomo I, Reseña Histórica: 75-87.

CAILLEUX, A. 1972. *Historia de la geología*. Segunda edición, EUDEBA, Buenos Aires, 104 pp.

CAMACHO, H. H., 1966. *Invertebrados fósiles*. EUDEBA, Buenos Aires, 707 pp.

CAMACHO, H., 1971. *Las ciencias naturales en la Universidad de Buenos Aires. Estudio histórico*. Editorial Universitaria de Buenos Aires, Buenos Aires.

DOTT, R. H., BATTEN, R. L., 1988. *Evolution of the Earth*. 4° edición, McGraw-Hill Book Company, United States, 120 pp.

FLESSA, K. W. and SMITH, D. M., 1997. Paleontology in academia: Recent trends and future opportunities. *Kleine Senckenbergreihe* 25: 19-25.

GARCÍA CASTELLANOS, T., 1968. *Evolución de los conocimientos geológicos desde la Edad Media hasta el siglo XX*. Edición del autor, Córdoba, 61 pp.

GOULD, S. J., 1980. The promise of paleobiology as a nomothetic, evolutionary discipline. *Paleobiology* 6: 96-118.

INGENIEROS, J., 1957. *Las doctrinas de Ameghino*. Elmer Editor, Buenos Aires.

LASCANO GONZÁLEZ, A., 1980. *El Museo de Ciencias Naturales de Buenos Aires*. Ministerio de Cultura y Educación, Secretaría de Estado de Cultura, Ediciones Culturales Argentinas, Buenos Aires.

LÓPEZ PIÑERO, J.M. y GLICK, T.F., 1993. *El megaterio de Brú y el presidente Jefferson. Una relación insospechada en los albores de la paleontología*. Universidad de Valencia, CSIC, 168 pp.

LYELL, C., 1878. *The student's elements of Geology*. Harper & Brothers, Publishers, New York, 618 pp.

MÁRQUEZ MIRANDA, F., 1951. *Ameghino. Una vida heroica*. Editorial Novoa, Buenos Aires.

MOLLE, Alejandro F., 1993. El maestro Florentino Ameghino en la Escuela Elemental de Mercedes (Bs. As.). *Junta Municipal de Estudio Históricos*, Luján, pp. 5-17.

MUÑIZ, F. J., sin año de publicación. *Escritos científicos*. Talleres Gráficos Argentinos L. J. Rosso, Buenos Aires.

PASCUAL, R., 1961. Panorama paleozoológico argentino: vertebrados. *Physis* 22: (63): 85-103.

PASCUAL, R., 1981. Las investigaciones sobre vertebrados fósiles en Argentina después de los años 1960. *Asociación Paleontológica Argentina, Publicación Especial 25° Aniversario*: 23-27.

REIG, O., 1962. La paleontología de vertebrados en la Argentina. Retrospección y prospectiva. *Holmbergia*, VI, 17: 67-126.

REIG, O., 1981. La paleontología Argentina. Pasado y presente. *Interciencia*, 6, 4: 274-277.

RUSCONI, C., 1967. *Animales extinguidos de Mendoza y de la Argentina*. Edición oficial, Mendoza.

SIMPSON, G. G., 1985. *Fósiles e historia de la vida*. Biblioteca Scientific American, Prensa Científica, Editorial Labor, Barcelona, 240. pp.

TERUGGI, M. E., 1981. *Joaquín Frenguelli. Vida y obra de un naturalista completo*. Asociación Dante Alighieri, Buenos Aires, 68 pp.

TONNI, E. P., 2005. El último medio siglo en el estudio de los vertebrados fósiles. En C. Marsicano y G. Lo Forte (eds.): *Asociación Paleontológica Argentina*, 50° Aniversario, Publicación Especial N° 10, pp. 73-85

TONNI, E. Y CIONE, A., 1997. Florentino Ameghino. Una semblanza personal. Revista *Museo*. Fundación "Frascisco P. Moreno", Facultad de Ciencias Naturales y Museo, La Plata, 2 (10): 35-39.

TONNI, E., CIONE, A. Y BOND, M., 1999. Quaternary Vertebrate Paleontology in Argentina. Now and Then. En E. P. Tonni y A. L. Cione (eds.): *Quaternary Vertebrate Palaeontology in South America. Quaternary in South America and Antarctic Peninsula* 12: 5-22; Rotterdam.

TONNI, E. Y PASQUALI, R., 1999. El estudio de los mamíferos fósiles en la Argentina. *Ciencia Hoy*, 9 (53): 22-31.

TONNI, E. Y PASQUALI, R. 2006. Alcide D' Orbigny in Argentina: The be-ginning of stratigraphical studies and theories on the origin of the "pampean sediments". *Earth Sciences History*, 25 (2): 215-222.

TONNI, E., PASQUALI, R. Y LAZA, J. H., 2006. Auguste Bravard en la Argentina. Su contribución al conocimiento geológico y paleontológico. Revista *Museo*. Fundación "Frascisco P. Moreno", Facultad de Ciencias Naturales y Museo, La Plata, 3 (20): 75-78.

TONNI, E. P. y TONNI, A., 2001. Patrimonio paleontológico y arqueológico. Consideraciones sobre la integración del patrimonio cultural. Revista *Museo*, Fundación "Frascisco P. Moreno", Facultad de Ciencias Naturales y Museo, La Plata 3 (15): 23-29.

1

ENGELS, FRIEDRICK. *El origen de la familia, la propiedad privada y el estado.*

HABER, ALEJANDRO. *Arqueología de los oasis Puneños.*

LAUB, EVA Y JUAN. *Danza de posesión en Niamey.*

LUIS TOGNETTI. *Explorar, buscar, descubrir. Los Naturalistas en la Argentina de fines del siglo XIX.*

PASCQUALI, RICARDO. *Los mamíferos fósiles de Buenos Aires.*

PASQUALI-TONI. *Mamiferos Fosiles. Cuando en las Pampas vivían los gigantes.*

PONCE, ELSA. *Los sin tierra de Brasil.*

PONCE, ELSA. *Del Atrio al veredon. Las marchas del silencio en Catamarca.*

RACEDO, GRACIELA. *El Gaucho. Formación, significancia y vigencia de un mito.*

RODRIGUEZ ISLEÑO, SANTIAGO C.. *Cartas al Rey de España.*

RODRÍGUEZ ISLEÑO, SANTIAGO C.. *Las tres revoluciones del 16 de septiembre de 1955.*

TONNI, EDUARDO P. *Vajillas de Loza y Porcelana.*

TORRES, FÉLIX. *Joaquín V. Gonzáles. Su formación intelectual en Córdoba.*

TYLOR, EDWARD B. *Anahuac, or Mexico and de mexicans, ancient ando modern.*

La presente edición de
Buscadores de Fósiles
se terminó de imprimir en
JORGE SARMIENTO EDITOR .

Jorge Sarmiento Editor

Universitas

Impreso en Córdoba - Argentina
ॐ Octubre 2020 ॐ

109